经典科普图鉴系列

枪械

[美]吉姆·苏皮卡◎著
王丹丹◎编译

吉林科学技术出版社

Guns Rifles Shotguns
Copyright © 2013 TAJ Books International LLC
All Rights Reserverd
Simplified Chinese edition © Jilin Science & Technology Publishing House 2021
吉林省版权局著作合同登记号：
图字 07-2015-4457

图书在版编目(CIP)数据

枪械 /（美）吉姆·苏皮卡著；王丹丹编译. — 长春：吉林科学技术出版社，2021.1
（经典科普图鉴系列）
书名原文：Guns
ISBN 978-7-5578-5246-7

Ⅰ. ①枪… Ⅱ. ①吉… ②王… Ⅲ. ①枪械—儿童读物 Ⅳ. ①E922.1-49

中国版本图书馆 CIP 数据核字（2018）第 287186 号

枪械
QIANGXIE

著　　者	[美]吉姆·苏皮卡
编　　译	王丹丹
出 版 人	宛　霞
责任编辑	潘竞翔　郭　廓
制　　版	长春美印图文设计有限公司
幅面尺寸	260 mm×250 mm
开　　本	12
印　　张	12
页　　数	144
字　　数	150千
印　　数	1-6 000册
版　　次	2021年1月第1版
印　　次	2021年1月第1次印刷

出　　版　吉林科学技术出版社
发　　行　吉林科学技术出版社
地　　址　长春市福祉大路5788号
邮　　编　130118
发行部电话／传真　0431-81629529　81629530　81629531
　　　　　　　　　　　　　　　　　81629532　81629533　81629534
储运部电话　0431-86059116
编辑部电话　0431-81629520
印　　刷　长春新华印刷集团有限公司

书　　号　ISBN 978-7-5578-5246-7
定　　价　49.00元

版权所有　翻印必究　举报电话：0431-81629508

目 录

安舒茨公司	4
阿坶莱特公司	6
贝加尔-联邦政府的统一工厂	8
巴雷特公司	10
伯奈利·阿尔米公司	12
伯莱塔公司	14
勃朗宁武器公司	16
巨蝮枪械国际公司	26
宪章武器公司	28
夏安战术公司	32
齐亚帕武器公司	34
克里斯滕森武器公司	36
柯尔特制造公司	38
切斯卡·兹布罗约夫卡·乌尔斯基·布罗德兵工厂	42
达科他武器公司	46
美国防务采购制造服务公司	50
法布里·布雷西亚武器公司	52
福斯蒂公司	54
列日市赫斯塔尔国家兵工厂	56
弗兰基公司	58
格洛克公司	60
圭里尼公司	62
哈灵顿＆理查森公司	64
赫克勒＆科赫公司	66
亨利连发武器公司	70
高点公司	72
卡尔武器	74
金伯公司	76
陆战资源国际武器公司	80
马格南研究所	82
马林公司	84
马罗基公司	86
默克尔公司	88
莫斯伯格公司	90
帕拉军工厂	92
大卫·皮德索利公司	94
雷明顿公司	96
罗西公司	100
鲁格公司	102
萨维奇武器公司	106
西格·绍尔公司	108
史密斯-韦森公司	112
斯普林菲尔德军械公司	116
斯太尔-曼利夏公司	118
施特格尔公司	120
金牛座公司	122
传统枪械公司	124
三星运动武器公司	126
乌贝蒂公司	128
美国枪械制造公司	132
弗尼-卡伦公司	134
沃尔特工厂	136
韦瑟比公司	138
温彻斯特公司	140

安舒茨公司

安舒茨公司以生产精密、精确的瞄准步枪而出名,是这方面的领先者。在过去的40年里,超过85%的奥运会小口径步枪奖牌获得者和超过95%的世界级滑雪射击奖牌获得者使用了安舒茨步枪。

安舒茨公司150多年前成立于德国图林根州。该公司的创始人计划制造福洛拜枪、袖珍手枪和霰弹枪。到1896年,这家小公司拥有76名员工,并开设了自己的工厂。创始人1901年去世,他的两个儿子弗里茨和奥托继承了家族的生意。

兄弟俩继续扩大公司规模,到1911年,他们已有200名员工。到1935年,弗里茨和奥托都去世了,弗里茨的两个儿子掌管着这家拥有500名员工的公司。1945年第二次世界大战结束后,该公司被解散。

1950年,安舒茨股份有限公司在乌尔姆市重新开设,变成了一家小企业,拥有7名员工和20件设备。起初,他们主要生产气动手枪并进行枪支维修。很快,该公司发展到拥有250名生产精准步枪的员工。1968年,家族中的第四代——迪特尔·安舒茨成为公司的掌舵人。现在,约亨·安舒茨是公司的负责人,他是家族的第五代。公司现在还生产了一系列的射击夹克、靴子、手套、光学器件和许多射击配件。

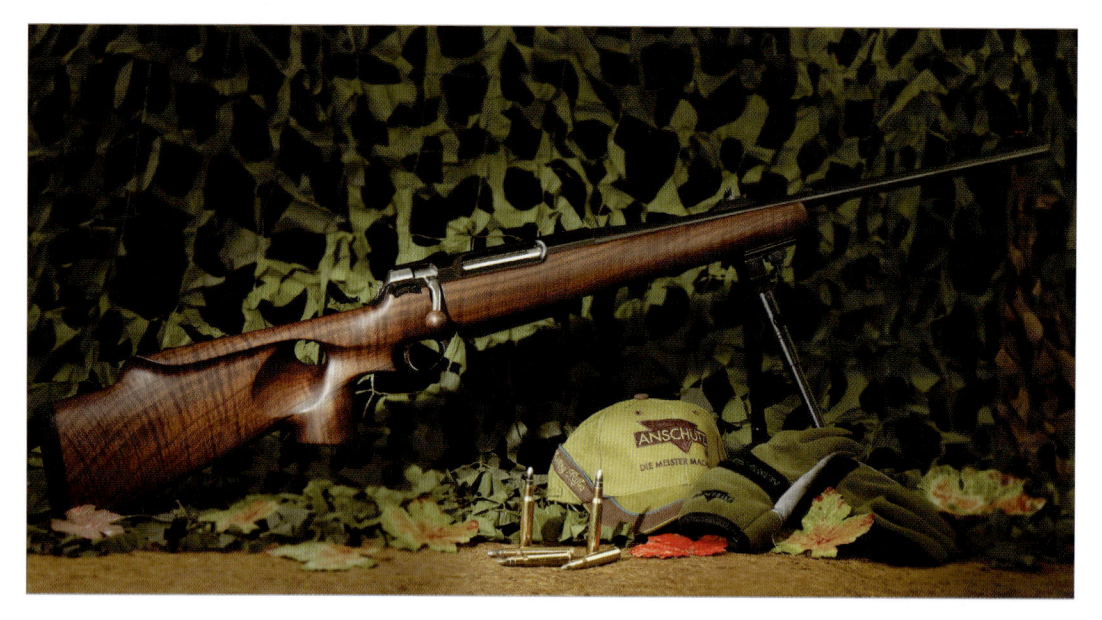

★ 1780 Thumbhole

★ 1780 Classic

★ 1780 FL

★ MSR RX 22 Desert

★ MSR RX22

★ 1827 Fortner

★ 1907

阿玛莱特公司

阿玛莱特公司成立于加利福尼亚州的好莱坞,是费尔莱尔德引擎与飞机公司的一个分公司。

半个多世纪以来,小型武器的发展几乎没有什么进展,大部分的变化都是有关半自动步枪和机枪的。AR-5.22大黄蜂生存步枪是阿玛莱特的第一个主要的新产品。

在20世纪50年代,阿玛莱特专注于开发和制造军用武器,以及使用新开发的塑料和合金制造现代轻型武器。

1961年,费尔莱尔德公司财务困难,阿玛莱特分公司的负责人认为可以收购该公司。阿玛莱特将重点放在了公司发展的新业务,选择了合并。

1983年,阿玛莱特被卖给了菲律宾的埃利斯科工具制造公司。1995年早些时候,韦斯特罗购买了这些权利,并在伊利诺伊州恢复了阿玛莱特步枪的生产。该公司被重组为阿玛莱特公司,并将老鹰武器公司转变为阿玛莱特的一个分支。第一批新型的阿玛莱特步枪生产于1995年。

★ AR 24-13c

★ AR 24-15c

★ AR10A SuperSASS

★ AR-10A A4

★ AR-50A1

★ M-15 A4

贝加尔 - 联邦政府的统一工厂

贝加尔 - 联邦政府的统一工厂是俄罗斯最大的企业之一，是俄罗斯常规武器装备的制造商。

1944 年，第一家工厂开始投产，生产摩托车、采矿设备和磅秤。从 1945 到 1955 年，该公司生产了 500 多万支新的马卡洛夫手枪，这是同类型中最好的。在 1949 年，公司开始生产简单的 ZK 单管枪和 IZH-49 双管枪。贝加尔工厂成为世界上最大的运动和狩猎枪制造商之一。

在 20 世纪 90 年代，贝加尔工厂第一次向美国出口产品。2000 年，马卡洛夫手枪被 9 毫米的雅尔金手枪取代。今天，贝加尔工厂生产的枪支遍布 65 个国家。

★ Makarov

★ MP-161K

★ MP94

★ MP-221

★ MP153

★ MP210

★ MP220

★ MP310

巴雷特公司

　　巴雷特总部位于美国田纳西州的莫非斯堡，是世界一流的步枪设计者和制造领域的领导者。巴雷特服务于民用体育射击运动员、执法机构、美国军队，并获得世界上超过73个国家的认可。这一切始于1982年，罗尼·巴雷特发明了第一支肩射式.50英寸（1英寸≈25.4毫米，全书采用英制单位）口径步枪。

　　美国陆军将巴雷特M107列为2005年十项最伟大发明之一。

　　美国国防工业协会授予罗尼·巴雷特"年度风云人物"称号，同时授予他陆军上校乔治金奖。2006年，他成为东南地区的年度企业家之一。最后，当然也是很重要的一点，罗尼·巴雷特在2009年被选入美国全国步枪协会的理事会，并在2012年再次入选。

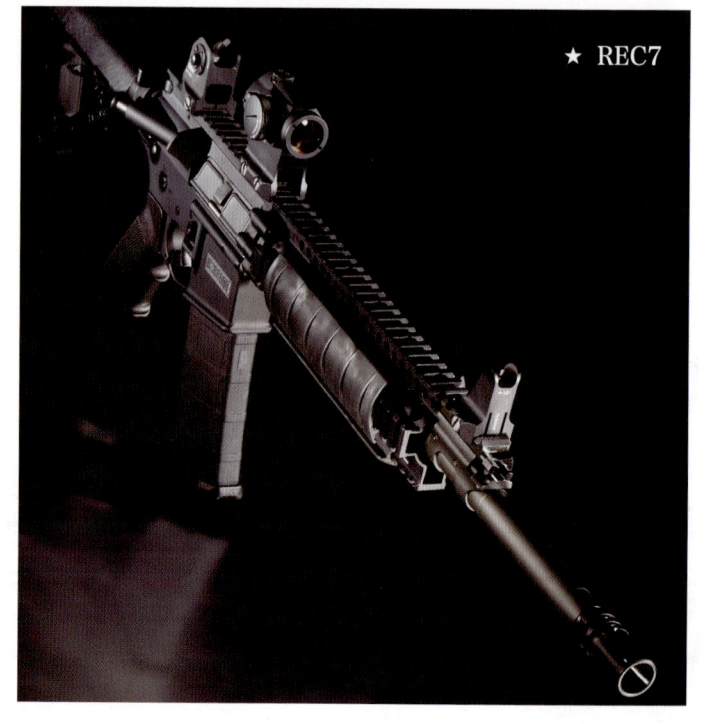

★ Model 95

★ M82 A1

★ REC7

★ MRAD

★ M107A1

伯奈利·阿尔米公司

意大利武器制造商伯奈利·阿尔米公司成立于1967年，位于意大利的乌尔比诺。最初它是一家于1911年成立的生产摩托车的公司。到1967年，伯奈利兄弟的狩猎热情使他们从生产摩托车发展到生产一种高质量的自动步枪，这种枪每秒钟可以发射5发子弹，这使它成为世界上射速最快的枪。

★ Legacy

★ Vinci

★ Montefeltro

★ Supernova

★ Supersport

★ M2 Am Series

★ SBEII Am Series

★ M4 NFA

★ MR1

★ R1 Rifle

13

伯莱塔公司

伯莱塔公司成立于 1526 年，是世界上最古老的枪械公司之一。在近 5 个世纪的时间里，伯莱塔从一个制作精致手工枪支的小型协会组织发展成为一个遍布 100 多个国家的国际贸易公司，使用最现代的制造形式，包括机器人技术。

到了 20 世纪，该公司又开始生产军用枪支和运动枪支，自此开始了几十年来不可思议的增长。19 世纪末期，伯莱塔拥有 130 名员工和 929 平方米的工厂。到 2000 年，它的工厂在加多地区占据了超过 2.2 万平方米的地方，在意大利、西班牙和美国（马里兰州）的场地也有 1.5 万平方米的面积。

二战期间，伯莱塔为意大利军队制造了步枪和手枪，直到 1943 年意大利与盟军的停战协议生效为止。德国人仍然控制着意大利北部，他们占领了伯莱塔工厂，直到 1945 年才继续生产武器。

★ Tomcat

★ Nano

★ PX4 Storm Sub Compact

★ PX4 Storm Compact

★ PX4 Full Size

★ Neos

★ M9A1

★ 92 FS

★ SILVER PIGEON I

★ Xcel

★ Prevail I

勃朗宁武器公司

　　1927 年，在约翰·摩西·勃朗宁去世一年后，勃朗宁武器公司在犹他州奥格登市成立了，该公司的名字来源于著名的枪械制造者和枪支发明家约翰·摩西·勃朗宁。1852 年，约翰的父亲乔纳森·勃朗宁在奥格登建立了他的第一家枪支商店。在 1872 年乔纳森去世后，约翰·摩西·勃朗宁和他的 5 个兄弟建立了勃朗宁兄弟公司，做武器零售业务。约翰·摩西·勃朗宁被认为是历史上最伟大的武器发明家。

　　勃朗宁拥有 128 个枪支专利。在他作为发明家的几年里，应用这些专利生产了超过 5000 万支枪。

　　比利时的国家制造公司于 1977 年收购了勃朗宁公司，但它的总部仍位于犹他州奥格登市外的山区。到 1989 年，仅仅在美国，该公司的销售额就超过了一亿美元。今天，勃朗宁公司的经营项目包括运动步枪、机枪、刀具、手枪、渔具、户外服装和高尔夫球杆。

★ 1911-22 A1

★ 1911-22 Compact

★ Hi-Power Mark III

★ Hi-Power Standard

★ Buck Mark Hunter

★ Buck Mark Camper UFX

★ A Bolt III Composite Stalker

★ Buck Mark FLD Target Gray Laminate Rifle

★ Buck Mark Target Rifle

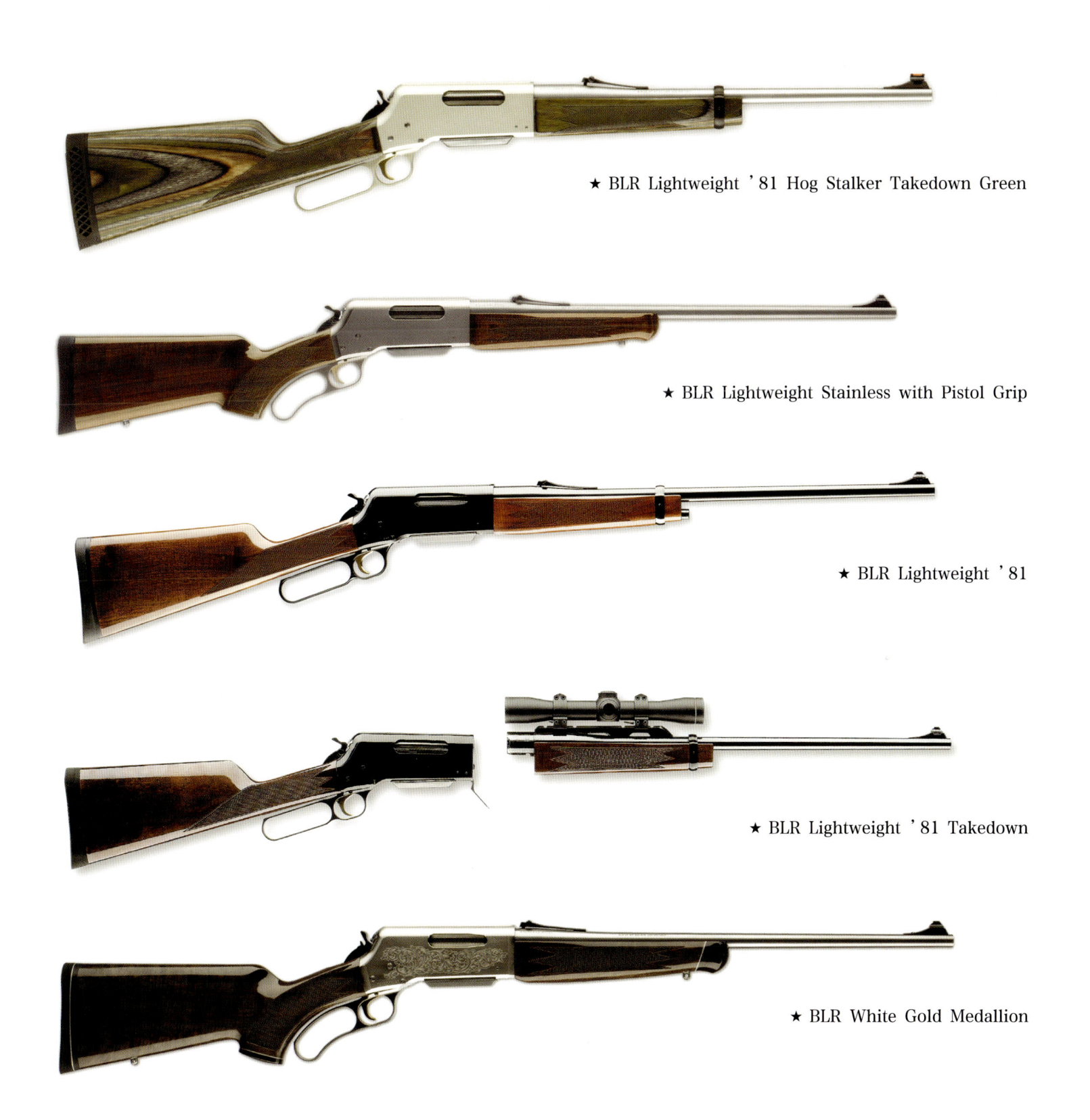

★ BLR Lightweight '81 Hog Stalker Takedown Green

★ BLR Lightweight Stainless with Pistol Grip

★ BLR Lightweight '81

★ BLR Lightweight '81 Takedown

★ BLR White Gold Medallion

★ A-Bolt Composite Stalker

★ A-Bolt Target Stainless

★ A-Bolt Stainless M-1000 Eclipse

★ A-Bolt Medallion

★ A-Bolt Hunter FLD

★ BL-22 FLD, Grade I

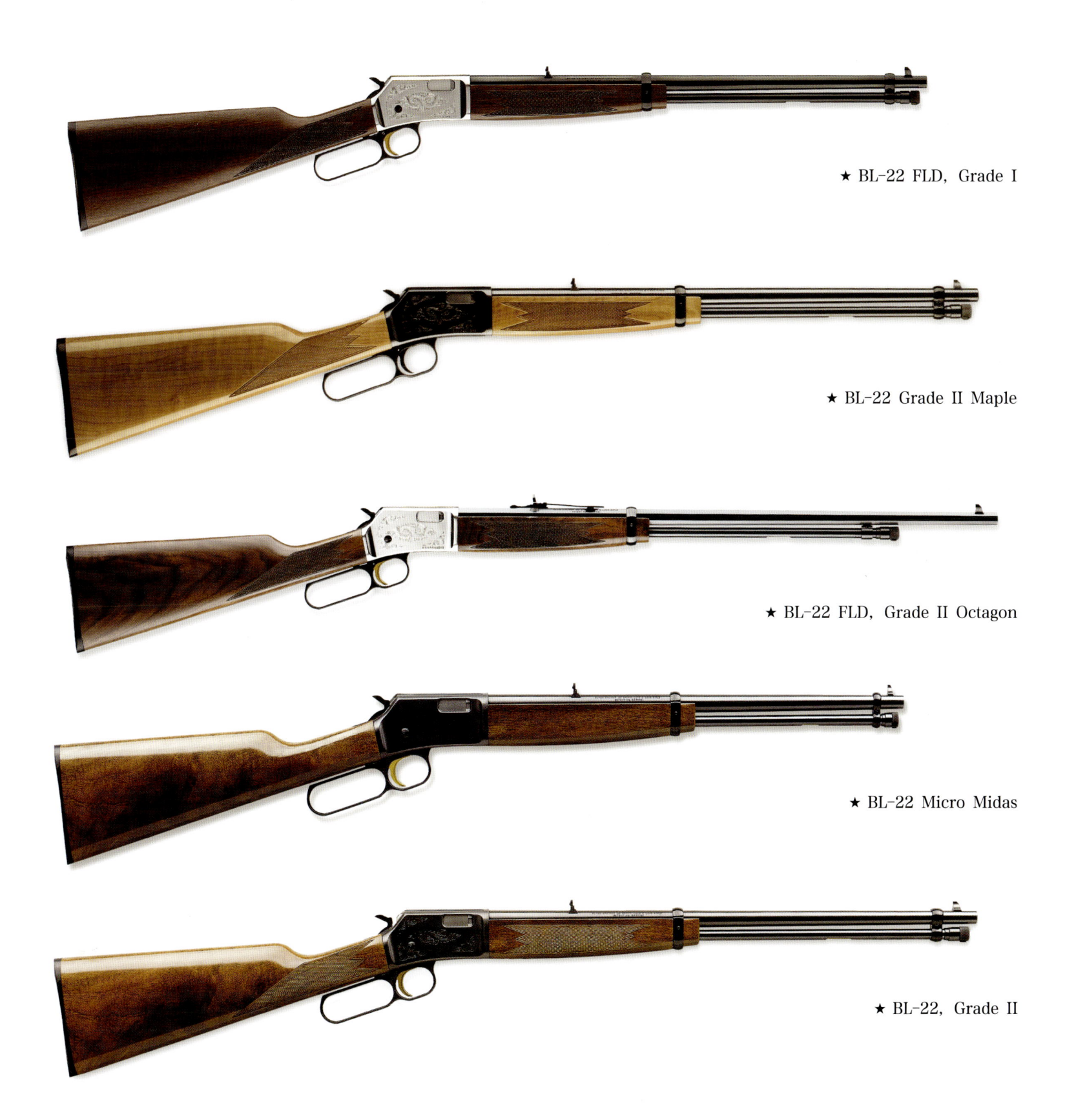

★ BL-22 Grade II Maple

★ BL-22 FLD, Grade II Octagon

★ BL-22 Micro Midas

★ BL-22, Grade II

★ X-Bolt Stainless 3D

★ X-Bolt Varmint Special

★ X-Bolt Composite 3D

★ X-Bolt Composite Stalker

★ X-Bolt Hog Stalker Carbon Fiber

★ X-Bolt Hog Stalker Realtree Max-1

★ X-Bolt Hunter

★ X-Bolt Hunter Full Line Dealer

★ X-Bolt Long Range Hunter Carbon Fiber

★ X-Bolt Long Range Hunter Realtree Max-1

★ BAR ShorTrac Hog Stalker Realtree Max-1

★ BAR Safari

★ BAR LongTrac Stalker

★ BAR ShortTrac, Mossy Oak Break-Up Infinity

★ BAR ShortTrac, Oil Finish

★ T-Bolt Sporter Maple

★ T-Bolt Varmint Reaper Suppressor Ready

★ T-Bolt Target/Varmint

★ T-Bolt Target/Varmint

★ T-Bolt Sporter

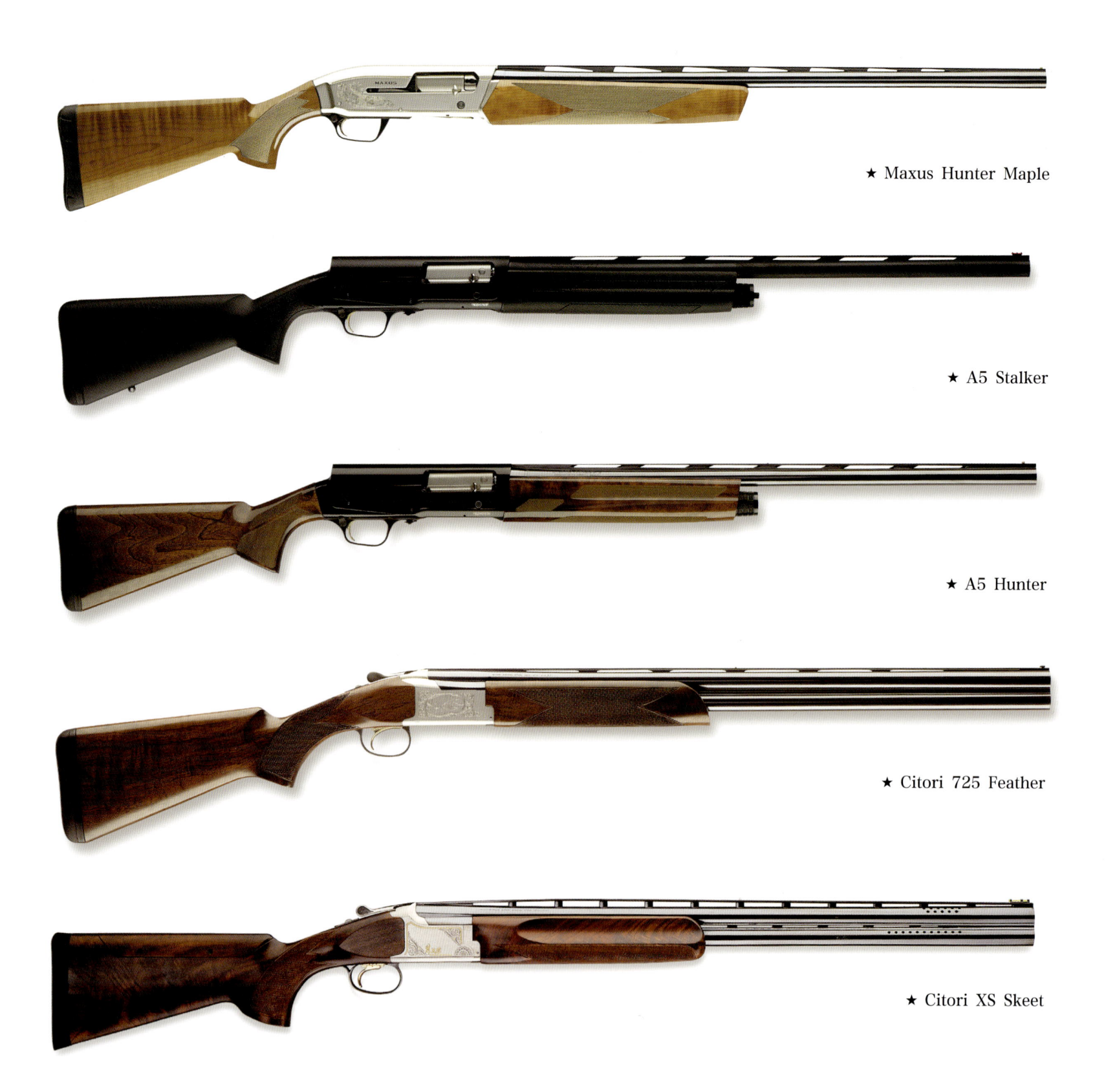

★ Maxus Hunter Maple

★ A5 Stalker

★ A5 Hunter

★ Citori 725 Feather

★ Citori XS Skeet

★ Cynergy Realtree Max-4

★ BPS Carbon Fiber High Capacity

★ Silver Mossy Oak® Shadow Grass Blades

★ BT-99 Micro Midas

★ A-Bolt Shotgun Medallion

巨蝮枪械国际公司

★ BA50 Carbine

★ Bullet Button Patrolman's Carbine

巨蝮枪械国际公司在美国缅因州的温德姆拥有自己的大本营。半自动手枪和AR-15步枪的变体设计组成了巨蝮的主要武器产品线。如今，巨蝮是美国最受欢迎的AR型枪械品牌。

从一开始，巨蝮枪械国际公司就开发和制造了一种"第一代"步枪。使用的是一种独特的下部铝质接收器，而接收器的上部则是用冲压钢制造的。最早的步枪是利用了AK47的气体系统，使反冲弹簧到达接收器的上部，这与AR-15/M-16形成鲜明对比，后者的反冲弹簧在枪托里。如今，第一代步枪已经成为稀有的收藏品。

现在，巨蝮枪械国际公司生产各种枪支，用于打猎、竞赛射击、执法、军事、娱乐和家庭防卫。

★ LR308

★ XM-15 Predator

★ Carbon 15 Type 21S

★ 300 AAC Blackout

★ 308 Hunter

★ ACR

★ BCWA3S 20 target rifle

★ Bullet Button M4

27

宪章武器公司

1964年，为了生产质优又价廉的手枪，枪支设计师道格拉斯·麦克林翰在新英格兰的枪谷——康涅狄格河上开办了自己的宪章武器公司。

在20世纪90年代，最初的投资者之一大卫·埃克特买下了这家公司。公司继续生产宪章武器枪支，并进行了一些新的改进，包括一体的枪管和前视镜。

2008年，宪章武器公司引进了一套新的爱国者左轮手枪生产线，生产.327联邦大口径手枪。还有一种新的左轮手枪，即宪章武器公司的无框手枪。

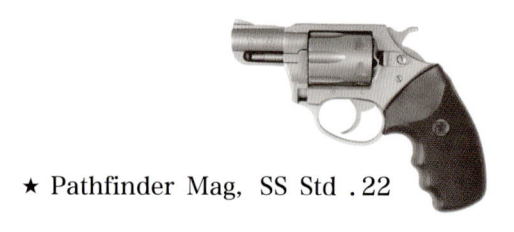

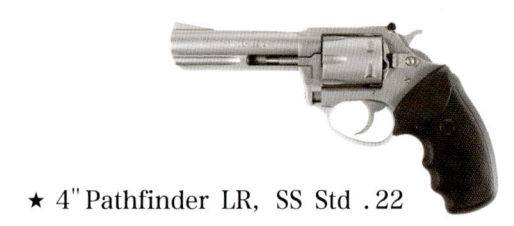

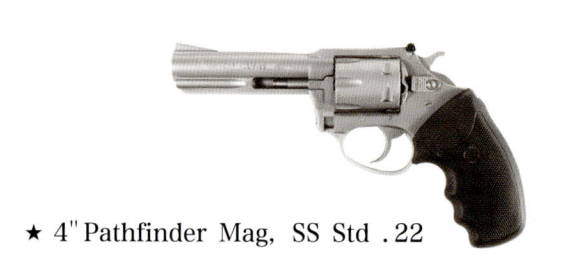

★ Pathfinder LR, SS Std .22

★ Pathfinder Mag, SS Std .22

★ 4" Pathfinder LR, SS Std .22

★ 4" Pathfinder Mag, SS Std .22

★ Target Pathfinder Combo .22

★ Pink Lady .32 Undercoverette, Pink/SS Std

★ .32 Undercoverette SS Std

★ .32 Undercoverette Crimson, SS Std

★ .357 Mag Pug Blue Std

★ .357 Mag Pug Stainless Std

★ Stainless DAO

★ .357 Mag Pug Crimson Stainless Std

★ .357 Mag Pug Stainless Target

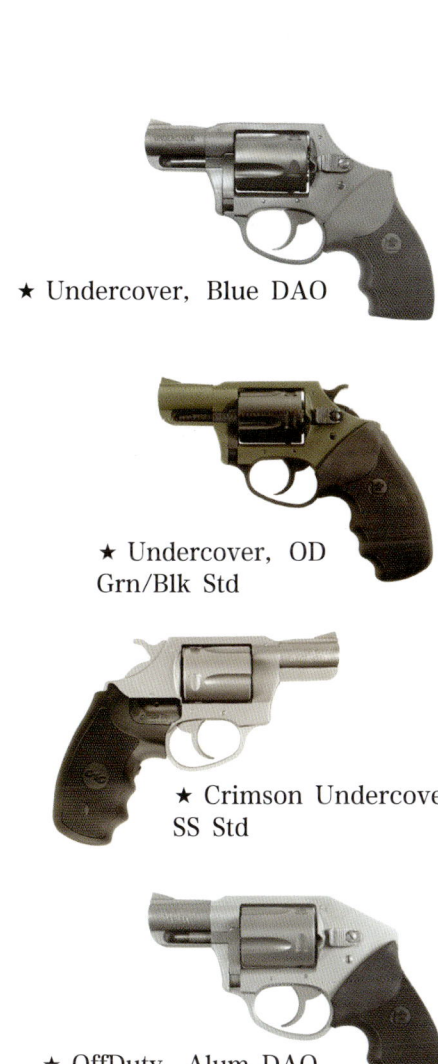

★ Undercover, Blue DAO

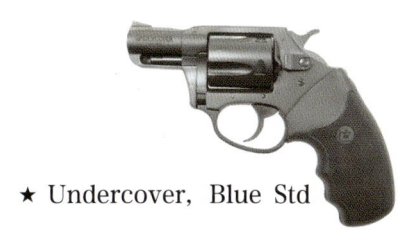

★ Undercover, Blue Std

★ Undercover, Tiger/Blk Std

★ Undercover, OD Grn/Blk Std

★ Undercover, SS DAO

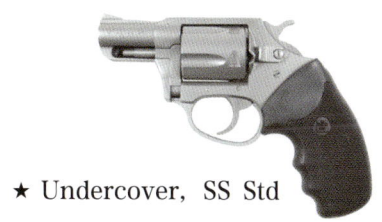

★ Undercover, SS Std

★ Crimson Undercover, SS Std

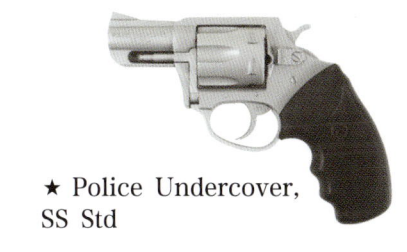

★ Police Undercover, SS Std

★ Undercover, Grey/SS Std

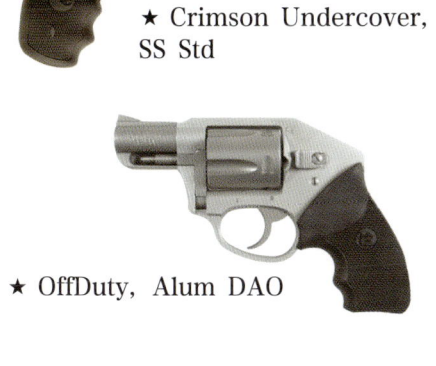

★ OffDuty, Alum DAO

★ Off Duty Black

★ On Duty, Alum

★ Crimson On Duty, SS Sgl/Dbl

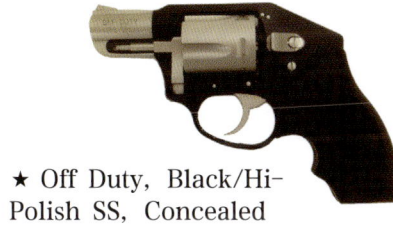

★ Off Duty, Black/Hi-Polish SS, Concealed

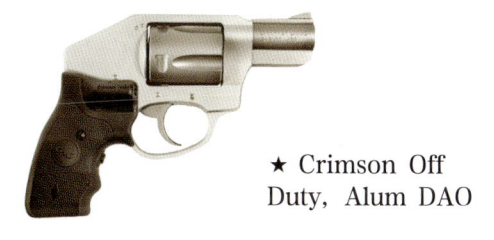

★ Crimson Off Duty, Alum DAO

★ .357 Mag Pug On Duty

★ Pink Lady Off Duty, Pink/SS Std

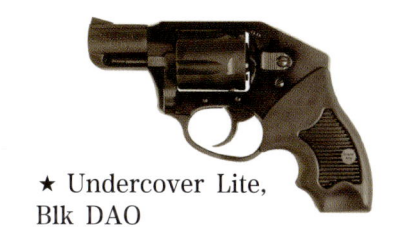

★ Undercover Lite, Blk DAO

29

★ Undercover Lite, Blue Std

★ Undercover Lite, Red/SS Std

★ Undercover Lite, Red/Blk Std

★ Cougar, Pink/SS Std

★ Sante Fe, Turq/SS Std

★ Sante Fe, Turq/Blk Std

★ Undercover Lite, Blk/SS Std

★ Panther, Bronze/Blk camo Std

★ Undercover Lite, Bronze/Blk Std

★ Pink Lady, Pink/SS Std

★ Pink Lady, Pink/SS DAO

★ Pink Lady Southpaw, Pink/SS Std

★ Lavender Lady, Lavender/SS Std

★ Goldfinger

★ Southpaw, Alum Std

★ Blue Standard

★ Blue DAO

★ Bulldog, Blk/Tiger Std

30

★ SS Std

★ SS DAO

★ Stainless Target-Left view

★ Bulldog on Duty, SS Standard

★ 9mm Pitbull Rimless Revolver

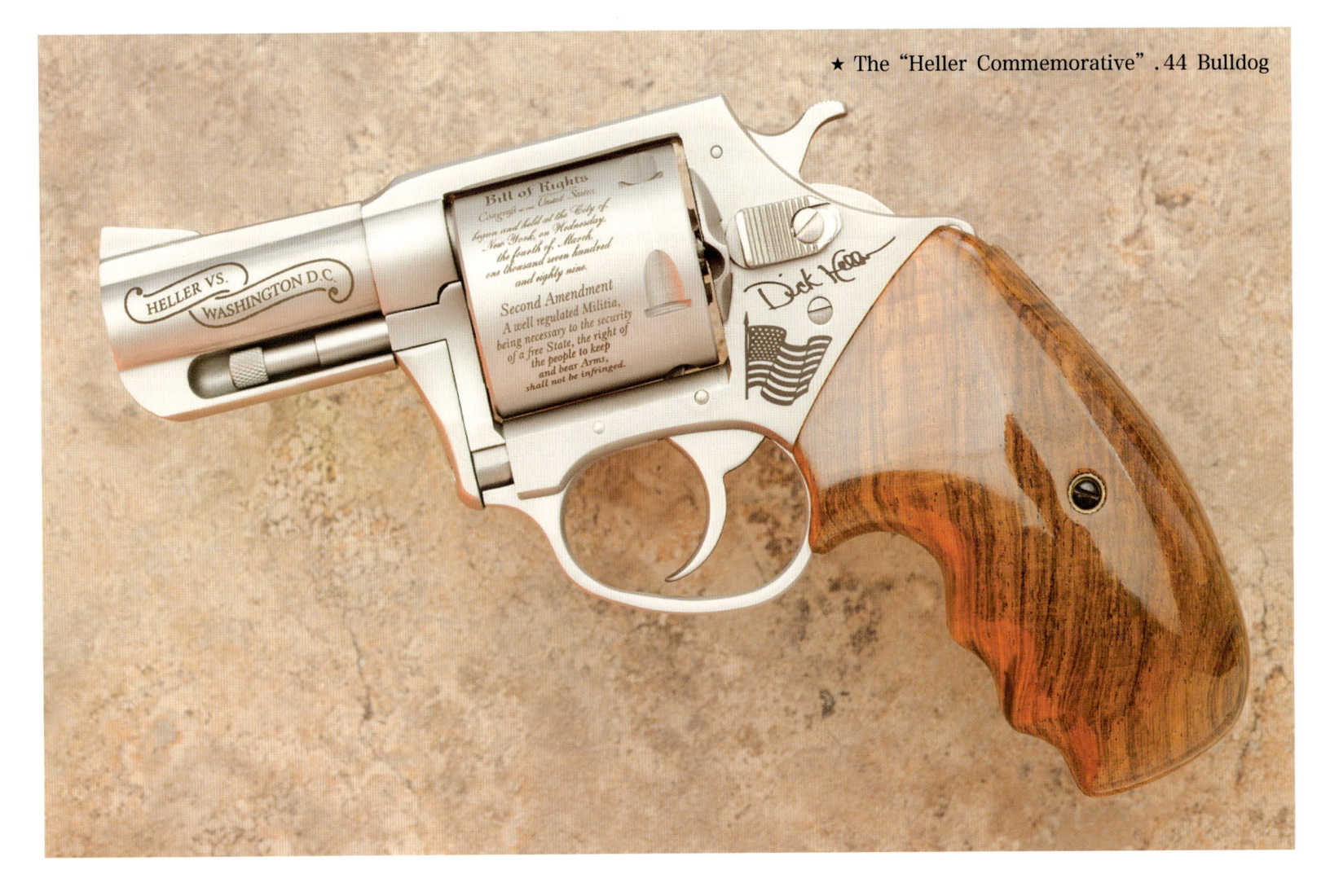

★ The "Heller Commemorative" .44 Bulldog

夏安战术公司

美国夏安战术公司以其"占领距离"的口号为基础,自豪地称自己为"远程精密步枪系统的领导者"。夏安战术公司的主要目标是开发和制造战术性小型武器和配套的支持系统。但是,今天使用的许多军用小型武器都是在50多年前构思出来的,当时的军事战术和战斗情况与现在不同。不断变化和进步的战术,要求在武器设计和构思上有新理念。除了军事武器之外,夏安战术公司还与美国国土安全局合作密切,为他们的特殊需求开发其适用的武器和系统。

为了完成使命,美国夏安战术公司从不同的学科中寻找出有天赋的人,他们都知道"跳出框框思考"。"他们将精力集中在重量、独特的武器和支持系统的设计上,这使军队和国土安全局能够执行新的小武器战场战术。"

★ M310R.408

★ M310

★ M200

★ M200 Intervention®.408

★ M300 .300 Win Mag

★ M200 Intervention® .408

齐亚帕武器公司

齐亚帕武器公司是一家意大利枪械制造公司，总部位于布雷西亚，每年产量约为6万支，美国分部在俄亥俄州的代顿市。

在齐亚帕武器公司成立的最初4年里，只生产了一种型号的枪——海盗手枪。之后在1962年，又增加了肯塔基手枪。次年，该公司又增加了肯塔基步枪。所有这些早期的型号都是面向美国消费者的。

多年来，齐亚帕武器公司扩大了自己的生产线，并引进了更现代的复制品，比如1911年的22号和双鹰号大口径短筒手枪。现在，齐亚帕武器公司是意大利最现代化的自动化工厂之一，拥有超过3万平方米的生产面积。

★ Rhino 2ooDS

★ Rhino 4oDS

★ Rhino 5oDS

★ Rhino 6oDS

★ M9.22

★ 1911-22 TARGET

★ 1911-22 TACTICAL

★ 1911-22

★ 1886 Kodiak Trapper

★ 1887 22 inch

★ M4 22

克里斯滕森武器公司

1985年，在一家航空航天工程公司工作多年后，罗兰·克里斯滕森创办了自己的公司，在世界范围内设计和销售假肢。大多数残奥会运动员都使用这个公司的产品。1995年，罗兰·克里斯滕森在他的家乡犹他州的费耶特创立了第二家公司——一家非常与众不同的武器公司。

★ 1911 Commander

★ 1911 Tactical

★ 1911 Damascus

★ 1911 Officer

★ 1911 Government

★ Carbon Custom

★ CA-10 RECON

★ Ranger

★ Tactical

★ CA-15 RECON

柯尔特制造公司

1847 年，柯尔特制造公司（前身是柯尔特专利枪械制造公司）成立于康涅狄格州的哈特福德，是一家美国枪械制造商，以开发和生产包括军用和民用武器在内的各种武器而闻名。

尽管 M16 并不是由柯尔特制造公司开发的，但柯尔特制造公司长期以来一直负责 M16 和其他相关武器的生产。整个 20 世纪，柯尔特制造公司一直在制造一种创新的枪支。

2002 年，柯尔特制造公司分离出一个单独的子公司——柯尔特防卫公司，专门为军队、执法机构和世界各地的私人保安公司生产枪支。现在，柯尔特制造公司专门为猎人、运动爱好者和家庭安全民用市场生产枪支和配件。

★ 1911

★ Marine Pistol

★ Mustang® Pocketlite .380

★ Combat Elite

★ Special Combat Government®

★ New Frontier

★ SAA

★ Defender

★ Gold Cup

★ New Agent

★ Rail Gun

★ Series 70

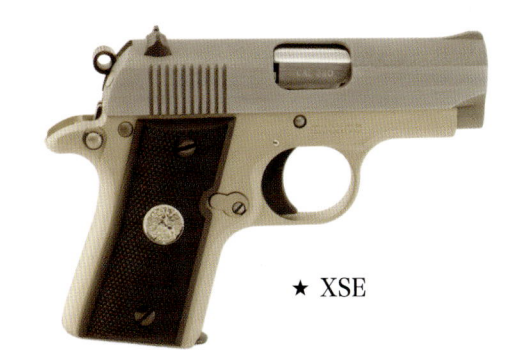

★ XSE

★ 5.56mm Light Machine Gun

★ LE901 16-S

★ LE 6940

★ LE 6920

★ M203 40mm Grenade Launcher

★ M16A4 5.56mm

★ M4 5.56mm Carbine

切斯卡·兹布罗约夫卡·乌尔斯基·布罗德兵工厂

1936年，切斯卡·兹布罗约夫卡·乌尔斯基·布罗德兵工厂成立于捷克斯洛伐克，现在是捷克共和国的兵工厂。该公司生产的第一批枪支是机载机枪、军用手枪和小口径步枪。

1992年，切斯卡·兹布罗约夫卡·乌尔斯基·布罗德兵工厂公司再一次成为独立实体，致力于生产各种枪支。切斯卡·兹布罗约夫卡·乌尔斯基·布罗德兵工厂向60多个国家出售武器。1997年，它在美国开设了切斯卡·兹布罗约夫卡美国兵工厂，并继续生产军事、执法武器。如今，切斯卡·兹布罗约夫卡·乌尔斯基·布罗德兵工厂拥有2000多名员工。

★ CZ 75 SP01 Shadow

★ CZ 75 Shadow

★ CZ 75 P-01 Compact

★ CZ 97 B

★ CZ P 09

★ CZ 455 American Synthetic

★ CZ 455 SST Fluted Laminate

★ CZ 455 Tacticool

★ CZ 455 Varmint SST

★ CZ 455 Precision Trainer

43

★ CZ 920

★ CZ Sporter Standard Grade

★ CZ Upland Sterling

★ CZ612 Wildfowl

★ CZ712 ALS

★ CZ 805 Bren

★ CZ Scorpion EVO A1

达科他武器公司

达科他武器公司成立于1982年，总部设在美国南达科他州，是运动市场上订制和半订制步枪的领先制造商。达科他公司系列产品以卓越的品质、设计、准确性和美感被普遍认可。品牌包括内西卡、米勒武器、丹·沃尔特。内西卡精密步枪以其超凡的准确性而闻名。米勒武器以其单发和订制步枪的稳定性等性能闻名。丹·沃尔特机匣是霰弹枪和步枪最初使用的机匣。达科他武器公司至今仍在南达科他州的黑山上经营着。

★ Sharps 218 Bee w/Gold

★ Sharps 38-55 ds

★ Miller Classic

★ Model 76-Dukes Gun

★ Model 76 African Traveler

★ Model 76 Classic Deluxe

★ Model 97 Deluxe

★ Model 97 Outfitter Takedown Greenrenowned

★ Alpine Standard

★ Long Bow

★ Model 10 Antelope

★ Predator

★ Predator Checkered

★ Predator HV All Weather

★ Predator HV

★ Scimitar

★ Traveler

★ Traveler Scope Mount

美国防务采购制造服务公司

美国防务采购制造服务公司作为小型政府合同咨询公司，由兰迪·卢瑟组建成立于1985年。该公司是一家精密机械制造工厂，为军队生产M-16、M-14和M203部件。在此期间，卢瑟先生还为商业市场提供M-16/AR-15军用规格部件。

4年后，美国防务采购制造服务公司开始专注销售.45/1911和AR-15配件、工具包和附件。随着防务采购制造服务部开始设计和制造步枪配件，卢瑟逐渐意识到，收购是实现持续增长的最佳途径，所以收购了制造商，并使用美国防务采购制造服务公司的能力来制造自己的精确枪管，于是美国防务采购制造服务公司系列AR-15/M-16步枪诞生了。

★ DPMS 3G2

★ 300AAC Blackout

★ DPMS .22 Bull Barrel

★ DPMS .22 AP4 Carbine

★ Compact Hunter

★ Long Range Lite

★ Oracle Carbine

★ MOE Warrior

法布里·布雷西亚武器公司

法布里·布雷西亚武器公司成立于1900年，位于意大利布雷西亚。布雷西亚历来是意大利霰弹枪的制造中心之一。法布里·布雷西亚武器致力于将最现代的生产方法与真正的经典工艺相结合。该公司的武器系列包括军队、执法人员、运动员和猎人的产品，半自动霰弹枪、自动霰弹枪更多应用于狩猎和射击表演。

★ XLR5 Velocity

★ PSS 10

★ XLR5 Gold

★ STL Competition C1

★ Dual AL Combo

★ Axis RS 12 Sporter

★ ELOS 12 BLACK DIAMOND

★ ELOS 12 He INITIAL

★ ELOS AL TRAQUEUR

★ ELOS VENTI 20

★ ELOS VENTOTTO 28

福斯蒂公司

自1948年以来，福斯蒂公司一直致力于将传统与先进的现代技术结合在一起，来精心制造狩猎和比赛用的霰弹枪。福斯蒂的双筒自动霰弹枪是为了满足非常苛刻的猎人和射击者的特殊需求而设计的。由于具有突出的技术和美学特点，它们变成了收藏家的藏品。

★ Class Express LX

★ Class Express LX

★ Class Round

★ TARTARUGATO

★ Class SL Deluxe Argento

★ Magnificent

★ Senator

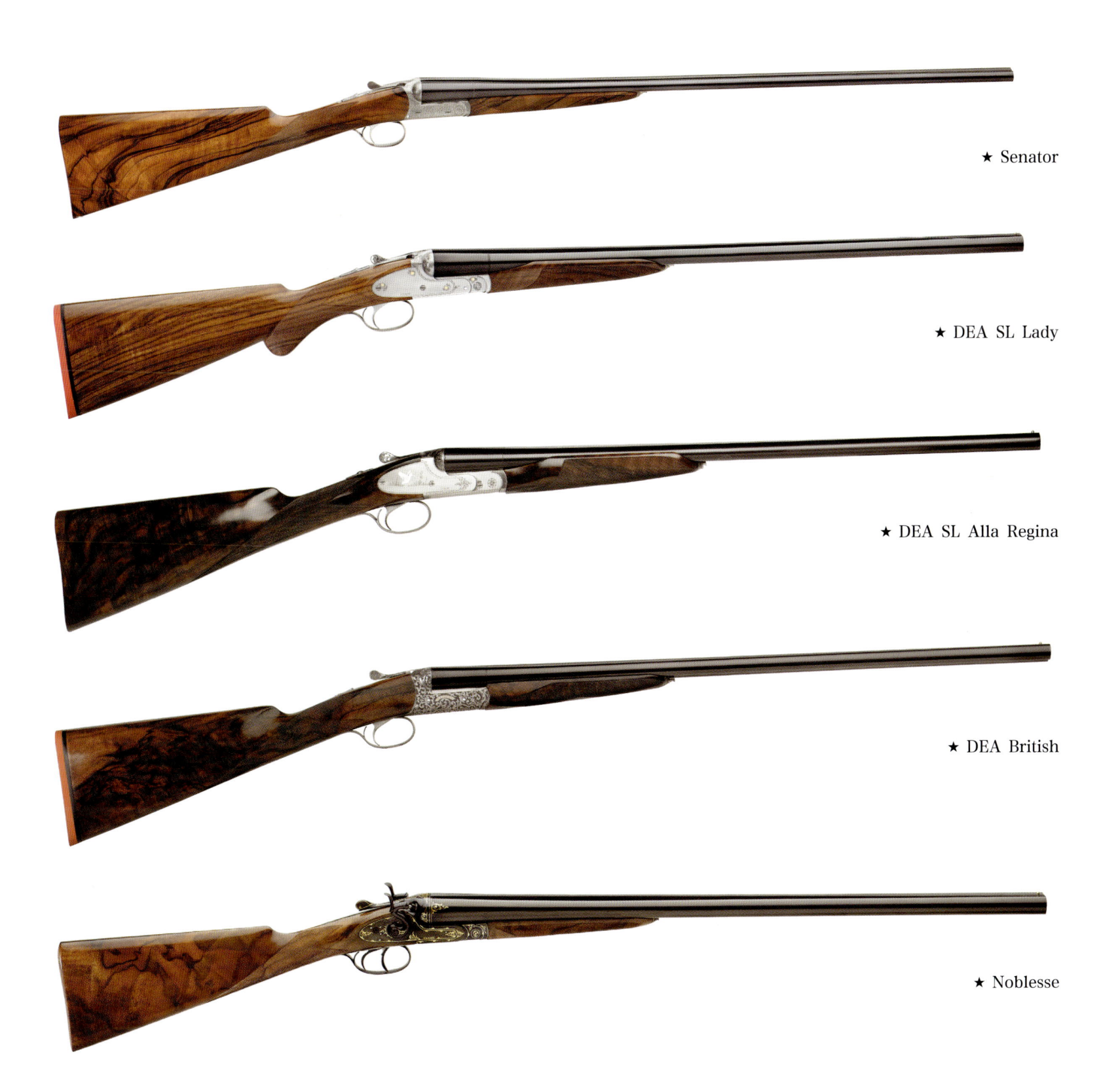

★ DEA SL Lady

★ DEA SL Alla Regina

★ DEA British

★ Noblesse

列日市赫斯塔尔国家兵工厂

列日市赫斯塔尔国家兵工厂，于1889年在比利时列日市郊外的小镇赫斯塔尔成立。

1897年，该公司获得了约翰·勃朗宁的制造7.65毫米勃朗宁手枪的创新锁定系统的许可证。

20世纪后期，列日市赫斯塔尔国家兵工厂协助开发和生产了北约部队使用的机枪和轻型步枪。直到今天，列日市赫斯塔尔国家兵工厂一直继续致力于海陆空创新性武器系统的研发和生产。

★ Five-Seven

★ FNS™-9 Competition

★ FNS™-40

★ FNX-9

★ FNX-40

★ FN FNX™-45 Flat Dark Earth(FDE)

★ FNX™-45 Stainless Steel

★ FNX™-45 Tactical Black

★ FNX™-45 Tactical Flat Dark Earth

★ Ballista

★ SC 1

★ SPR™ A5 XP

弗兰基公司

弗兰基公司位于意大利布雷西亚市，这是历史上很重要的一个枪械制造商聚集的地区。弗兰基公司于1868年开始生产枪支，这是基于该公司不仅在枪械制造方面，而且在精炼矿石和金属加工方面的专业知识。弗兰基公司的理念是不断创新，在这个理念的驱动下，它在枪械制作技术领域取得了长足的发展。

★ Affinity 20ga Compact APG Silo

★ Affinity APG 20ga Silo

★ Affinity Black Synthetic 12ga Silo

★ Affinity Sporting 12ga Silo

★ Affinity Compact 20ga Synthetic Silo

★ 48AL Deluxe-28ga-Silo

★ 48AL Deluxe Prince Of Wales 20ga Silo

★ Instinct L 12Ga Silo

★ Instinct SL 12Ga Silo

格洛克公司

1963年，格斯通·格洛克创立了格洛克公司，总部位于瓦格拉姆市。该公司最初生产塑料窗帘杆，后来又生产塑料盒子、铲子、工具刀和机关枪弹药带。直到20世纪80年代初，格洛克公司生产了第一支枪——格洛克17，一种9毫米17发的鲁格手枪。奥地利军队最终选择了这款手枪作为其军备。1984年，格洛克公司走向国际，出售格洛克17给挪威军队。该公司最著名的产品是工程塑料框架的手枪。

今天，美国大多数执法者和军事人员都随身携带格洛克。它们通常是平民为自保和竞技射击而选择的武器。格洛克系列手枪的持续流行，是由于其在极端条件下的可靠性，部件数量少使得其维护保养更容易，而且适配的弹药种类很多。由于枪框是工程塑料框架，所以格洛克手枪的重量相对较轻。

★ G17

★ G19

★ G21

★ G30S

★ G32

★ G34

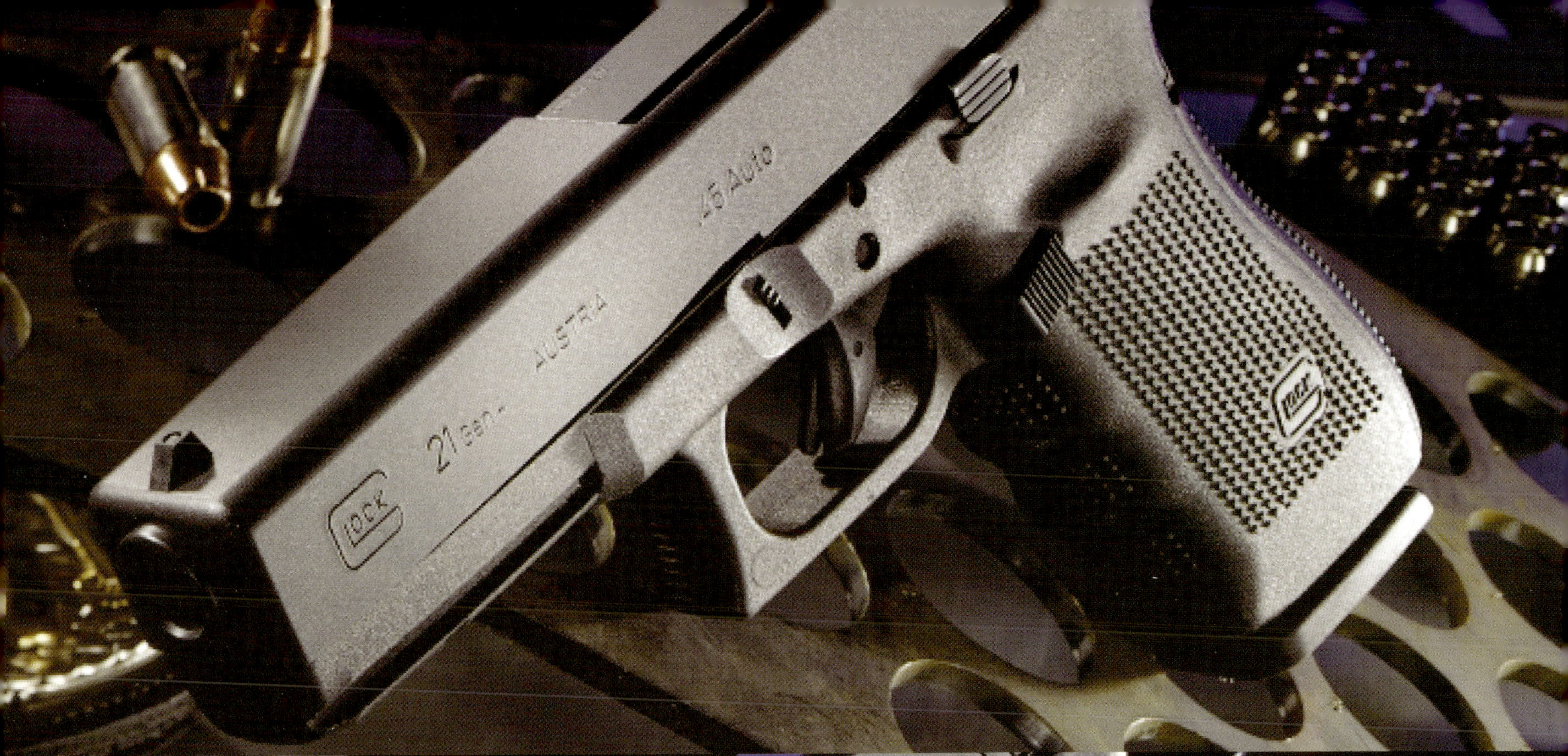

21
AUSTRIA
.45 Auto

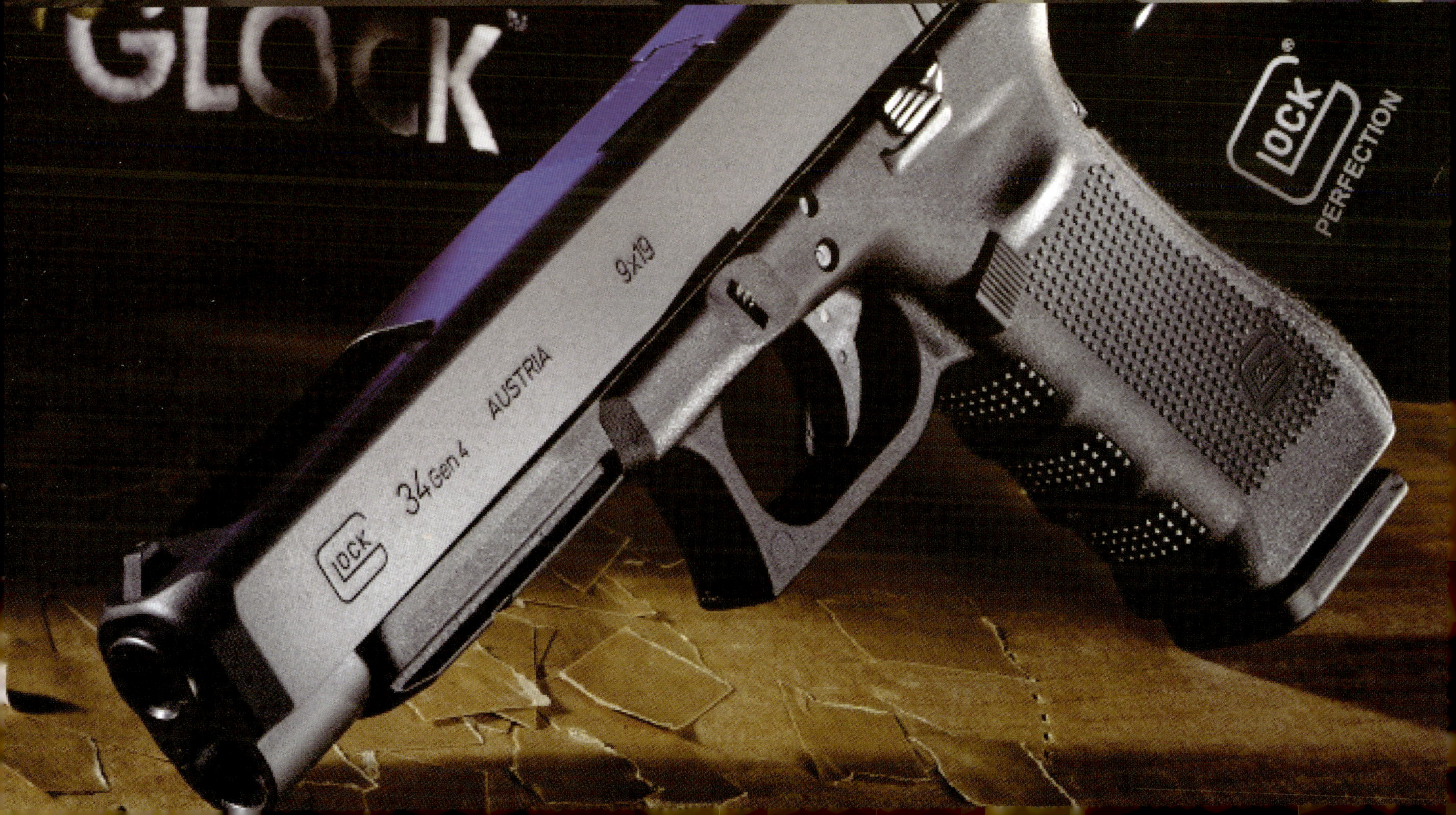

GLOCK
PERFECTION
34 Gen 4
AUSTRIA
9x19

圭里尼公司

圭里尼公司由一小群专业人士于2002年创办。其管理团队汇集了设计、生产、营销和具有霰弹枪销售经验方面的人员。圭里尼枪械是在意大利的安东尼奥和乔治·格林兄弟的领导和管理下制造的，主要面向有着严格标准的美国顶级射击运动员和猎人。圭里尼公司结合了最好的工艺、精确的制造技术以及世界闻名的优质材料。从土耳其切尔克斯胡桃木的精确切割到优质的木质，最大化地满足现代的射击特点，来自圭里尼公司的霰弹枪是高性能和耐久性最新标准的代表。

★ Apex Field

★ Challenger Impact

★ Ellipse EVO

★ Forum Field

★ Magnus

★ Maxum

★ Summit Ascent

★ Summit Trap

★ Tempio

★ Woodlander

哈灵顿&理查森公司

1871年，吉尔伯特·哈灵顿发明了顶部开口的步枪，使步枪不再仅是精准耐用，还使其变得容易装弹和卸弹。为了生产这种新型枪械，哈灵顿和威廉姆·理查森合作成立了哈灵顿&理查森公司。

到了1893年，由于业务的成功，他们在马萨诸塞州的伍斯特建立了新的工厂。这使得他们成功地研发并生产出了具有革命创新性的自动退壳功能的单管猎枪。

2000年，哈灵顿&理查森公司被马林武器公司收购。今天，哈灵顿&理查森公司作为马林武器公司的一部分，马林武器公司有两个品牌——新英格兰枪支和哈灵顿&理查森。

★ Topper Deluxe Classic

★ Ultra Slug Hunter

★ Pardner Pump Walnut

★ Pardner Synthetic Black

★ Superlight Handi-Rifle™ Compact

★ Handi-Rifle

★ Ultra Hunter Rifle

★ Sportster™

★ Buffalo Classic Rifle

赫克勒 & 科赫公司

赫克勒 & 科赫公司公司位于巴登－符腾堡州的奥本多夫，同时也在英国、法国、美国拥有子公司。"不妥协！"是这个公司的座右铭，它一直致力于生产符合人体工程学的准确且可靠的产品，并且不会因为其他的因素而妥协。

如今，这家公司为美国海军海豹突击队、三角洲部队、德国特种部队突击队、德国联邦警察第九国境守备队和许多其他的反恐和人质营救组织提供枪械。

★ HK45 Tactical 　　★ HK45 Combat Tactical 　　★ HK45

★ Mark 23 　　★ P30 　　★ P30S

★ P2000 　　★ P2000 SK 　　★ USP 9mm

★ USP Compact 9mm 　　★ USP45 Compact Tactical 　　★ USP 45 Tactical

HK 45
.45 Auto
BC
HKU-009633
HK 45
.45 Auto
BC
HKU-009426
HK 45
.45 Auto
BC
HKU-009374
HK45
HK45
HK45

★ G28

★ G36 Rail Gun

★ HK 416 Compact

★ M27

★ MP5 SD

★ MR556 A1

★ MR762 A1

★ UMP 9mm

★ UMP45 LEF

亨利连发武器公司

本杰明·泰勒·亨利在温彻斯特武器公司工作时设计出第一支实用的杠杆连发步枪。

亨利步枪用的是 .44（约 11 毫米）口径边缘发火式子弹，不仅非常精准，而且射击速度也很快。这个步枪可以在 1 分钟内射击超过 45 次。亨利步枪在后来美国的西进运动中扮演了一个重要的角色。从 1860 到 1867 年间，14 094 支步枪被制造和销售出去。

★ Lever Action .22 Rifle Magnum

★ Lever Action Carbine

★ Henry Golden Boy .22

★ Henry Big Boy .44 Magnum rifle

★ Philmont® Scout Ranch Rifle

70

★ Superlight Handi-Rifle™ Compact

★ Pump Action Octagon .22

★ Henry Mini Bolt Youth rifle

★ Henry Acu-Bolt Rifle

★ Abraham Lincoln Bicentennial Tribute Edition Golden Boy

高点公司

高点公司通过生产售价便宜、款式美观的半自动手枪确立了它在枪支市场的地位。很多高点手枪比较沉，但是组成的部件较少，方便维护保养。在使用中，这个枪支使用一个专门的螺丝刀来实现闩锁的开启。

高点枪的滑膛是由铝合金、镁合金、铜组成的，而其他大多数枪支的滑膛是用锻钢制成的。在俄亥俄州的曼斯菲尔德有许多生产汽车压铸件的公司，高点充分利用当地的优势使用了压铸法。

★ .45 ACP

★ 40 S&W

★ C-9

★ CF 380

★ 995TSRD

★ 4095TSFG

★ 4595TS4X

73

卡尔武器

卡尔不是一个独立的公司，而是赛陆公司的一个部门，该公司以其精密金属加工闻名。赛陆给新的武器部门提供精密生产技术方面的指导和支持。到了2001年，赛陆公司的员工达到220人，该公司超过20%的利润来自卡尔武器部门。卡尔武器的特长在于设计和生产小而隐蔽的手枪。在1999年，卡尔武器收购了以生产汤姆逊冲锋枪和著名的半自动冲锋枪"汤米的枪"而闻名的自动军械公司。

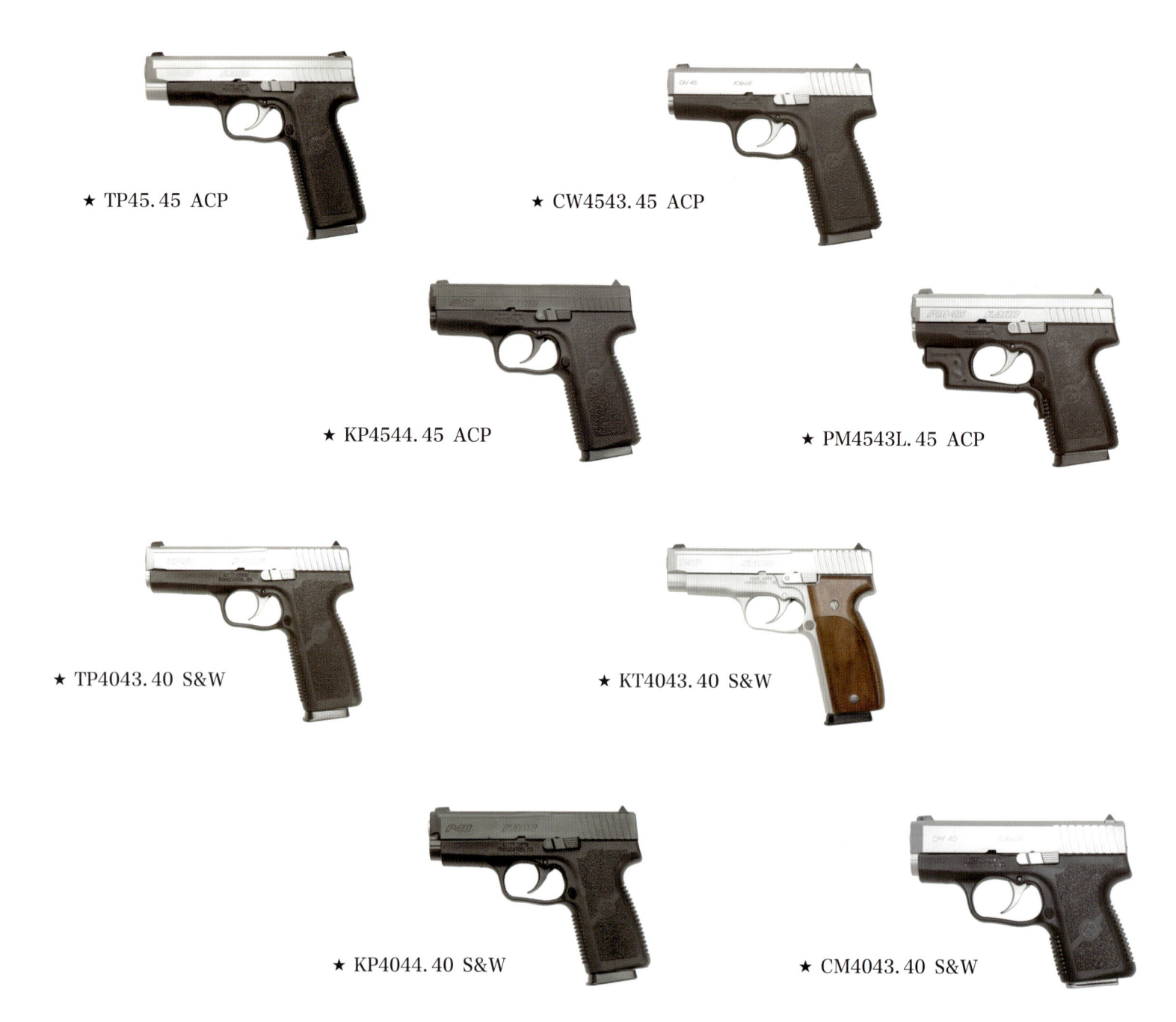

★ TP45.45 ACP

★ CW4543.45 ACP

★ KP4544.45 ACP

★ PM4543L.45 ACP

★ TP4043.40 S&W

★ KT4043.40 S&W

★ KP4044.40 S&W

★ CM4043.40 S&W

★ PM4043L .40 S&W

★ PM4044 L .40 S&W

★ M9093 9mm

★ PM 9094 9mm

★ K9098 9mm

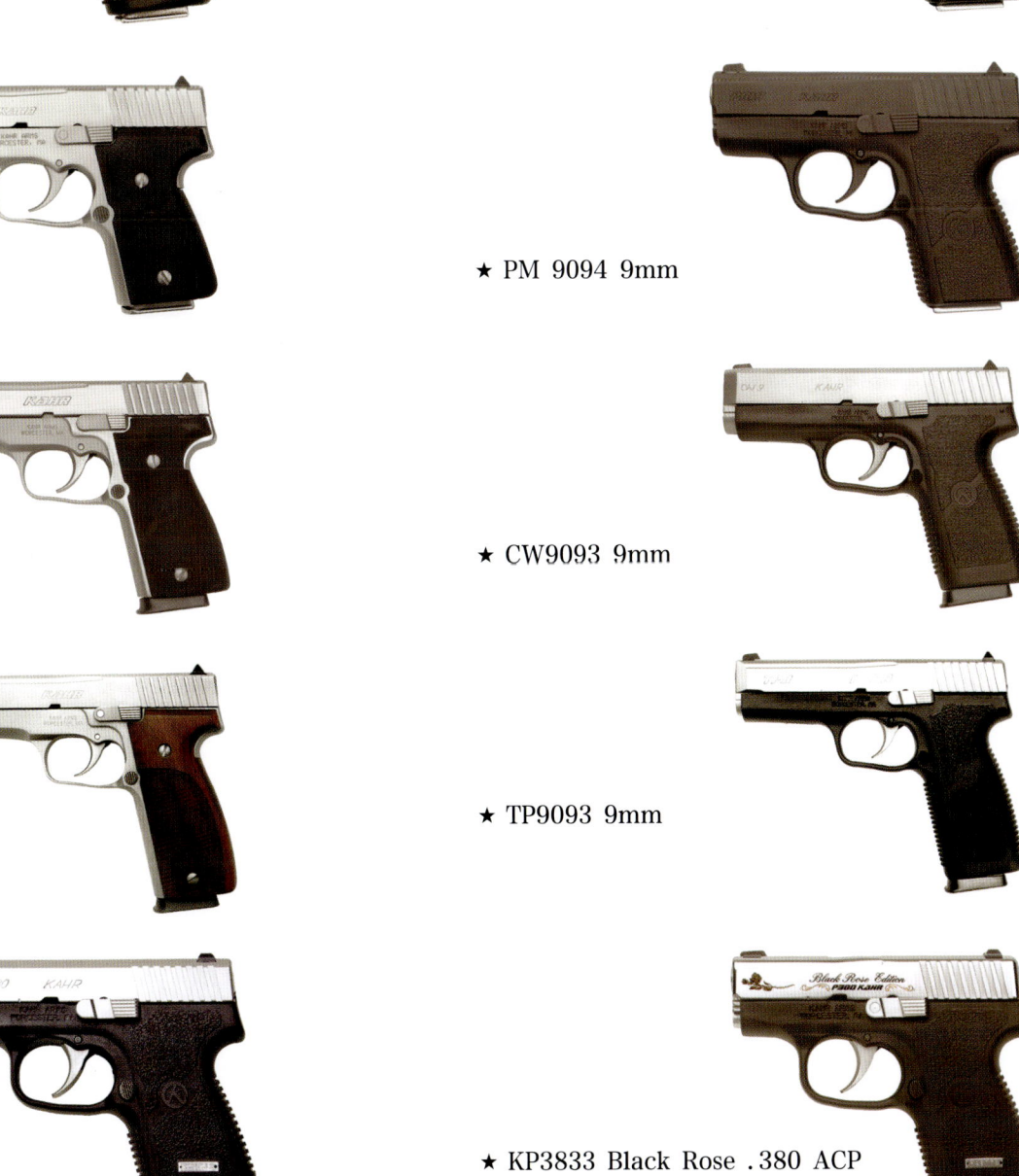

★ CW9093 9mm

★ KT9093 9mm

★ TP9093 9mm

★ CW3833 .380 ACP

★ KP3833 Black Rose .380 ACP

金伯公司

　　1979年，格雷戈和杰克·沃恩在俄勒冈波特兰的郊区建立了金伯公司。这个名字来自杰克·沃恩收购的澳大利亚公司。杰克曾是运动武器行业中一家一流枪械公司的负责人。1968年，他的公司被位于波特兰的欧马克工业收购，同时杰克到美国出任欧马克的主席，金伯在该领域的早期声誉是建立在其.22口径长步枪的质量上的。很快他们需要扩大自己的制造能力，在俄勒冈州科尔顿附近开办了第二家工厂。今天，金伯手枪被洛杉矶特警队、美国海军陆战队、美国奥运速射队员广泛使用。

　　今天，美国金伯公司吸取了其在生产和开发高精度手枪和步枪上的传统经验，生产的枪支被用于军事、执法和个人使用。

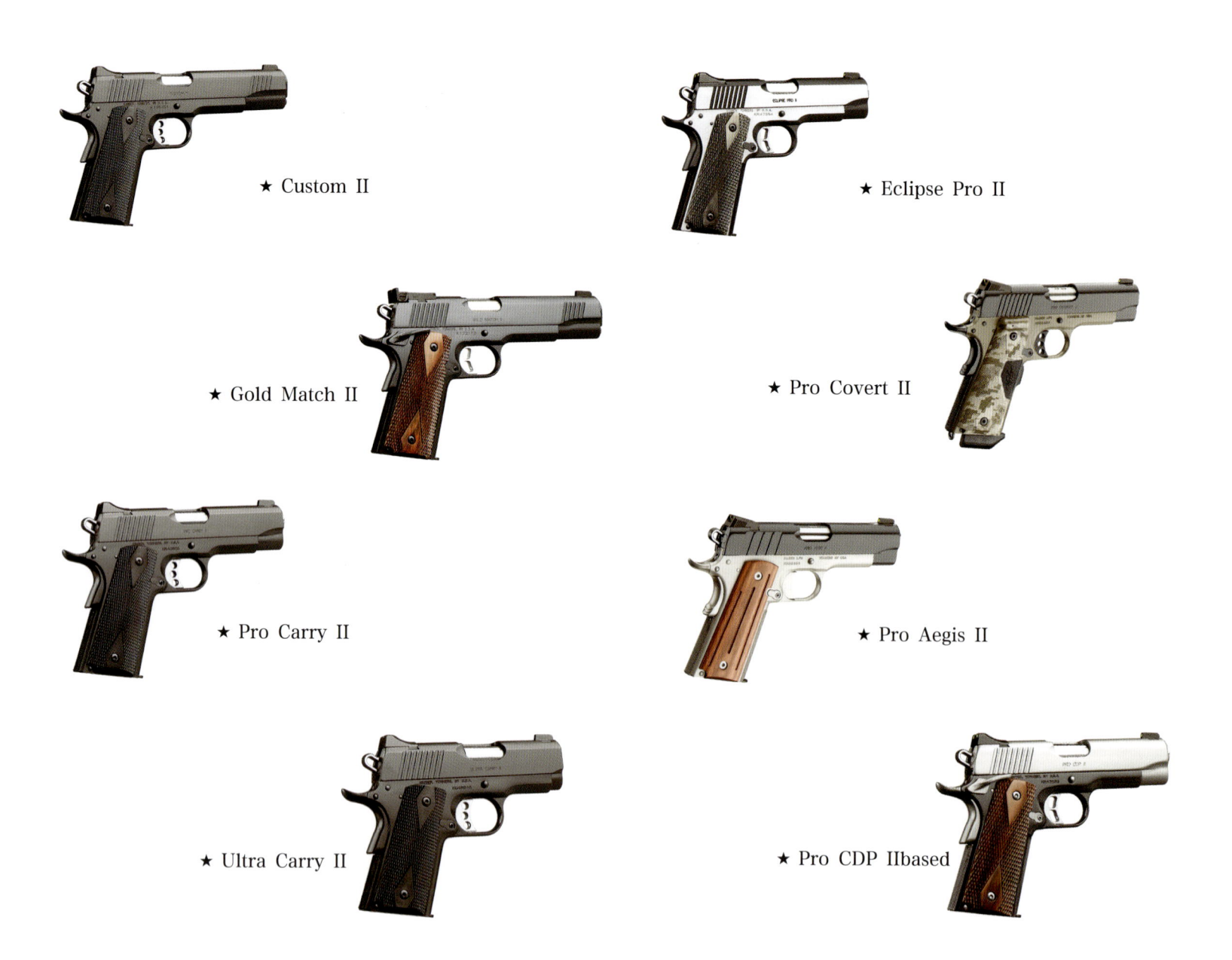

★ Custom II

★ Eclipse Pro II

★ Gold Match II

★ Pro Covert II

★ Pro Carry II

★ Pro Aegis II

★ Ultra Carry II

★ Pro CDP IIbased

★ Raptor II

★ Rimfire Super

★ Rimfire Target

★ Solo Carry STS

★ SIS Ultra

★ Custom Crimson Carry II

★ Solo Carry

★ Eclipse Custom II

★ Warrior

★ Caprivi

★ Talkeetna

★ Model 84M LongMaster Classic

★ Model 84M LPT

★ Model 84M Pro Varmint

★ Model 8400 Advanced Tactical

★ Model 8400 Montana

★ Model 8400 Police Tactical

★ Model 8400 SuperAmerica

★ Model 8400 WSM Classic

陆战资源国际武器公司

陆战资源国际武器公司，前身为莱特尼尔步枪公司和陆战资源公司，是防卫武器承包商和枪械制造商，成立于1999年，位于马里兰州的坎布里奇。从1999年到2006年1月，该公司主要从事研发工作。2006年1月，该公司被美国陆军退伍军人帕特·布莱恩收购。重组后，公司进入了全面的枪械制造领域。陆战资源国际武器公司收购了包括全部管理层在内的位于得克萨斯州的格林纳达公司。

★ R.E.P.R.

★ M6 Individual Carbine

★ M6-IC-SPR

★ M6 SL

★ M6.8 A2

★ M6.8-UCIW

★ M6A2 SPR

★ M6A2

★ PSD

81

马格南研究所

1998年，马格南研究所将生产线移回以色列军工工业，后来更名为以色列武器工业。自2009年以来，美国的"沙漠之鹰"手枪已经在明尼苏达州生产。除了基本的黑色，马格南研究所还开发了一系列独特的"沙漠之鹰"手枪，包括经典的镀铬和最新的"虎纹"图案。

马格南研究所也生产左轮手枪的BFR系列、山鹰中心发火步枪。

★ Pathfinder LR, SS Std .22

★ MR9 Eagle

★ Baby Desert Eagle II, 9mm

★ Baby Desert Eagle II, .45ACP

★ .45 Long Colt/.410 Revolver

★ .500 JRH Revolver

★ .44 Magnum Revolver, 5-inch Barrel

★ Desert Eagle, .50 AE, Titanium Gold

★ Desert Eagle, .50 AE

★ Micro Desert Eagle

★ Desert Eagle, .50 AE, Bright Nickel

★ Desert Eagle, .44 Magnum, Brushed Chrome

82

★ Centerfire Hogue

★ Centerfire Tactical

★ .22WMR Barracuda Pepper Rifle

★ .22LR Tactical Black Rifle

★ Centerfire Vermint

★ Magnum Lite® .22LR Graphite Black Polymer Ambidextrous Thumbhole Stock Rifle

马林公司

1924年，马林公司在拍卖会上被一名律师收购，继续生产许多畅销的模型，并增加了一个部门来生产刀片。

1953年，马林轻武器获得了专利，并开始使用一种新的技术——微槽膛线来生产枪支。这个技术可以提高枪管的生产速度。

★ Model 308MXLR

★ 338 Marlin Express

★ Model 1895G

★ Model 1895XLR

★ Model 336C

★ Model 1894 Cowboy

★ Model Golden 39A

★ Model 60SB

★ Model 915Y

★ Model 70 PSS

马罗基公司

1926年,斯特凡诺·马罗基在布雷西亚北部的特龙比亚山谷开始了他的枪械制造。意大利自从罗马时代开始就以武器制造而闻名,大多数意大利枪支制造商在这个地区建立起了他们的总部。

马罗基公司是从一个小作坊起家的,很快就因为对步枪操作系统的改进而获得奖项,在1961年的发明者沙龙中,他因为手枪水下装配的专利获得了一枚金牌。

★ Model 03

★ Model 100

★ Si20

★ Si12 Expedior

★ A20

★ A12 Limited Edition

★ A12 Polymer

★ Techno Gold

★ Si12

默克尔公司

在早期，默克尔公司生产狩猎用品、运动用品和豪华枪支。这些枪支的机械制造比军用步枪更精细，而且技术多变。默克尔公司一直致力于制造"好枪"。20世纪的两次世界大战使一些枪械制造商变成了工业企业，但是在战争期间，默克尔公司的员工总数几乎从未超过350人，因此，这个以出口为主业的公司两次失去了它重要的国外市场。从一开始，默克尔家族就把他们的希望寄托在创新上。默克尔公司把博克注册为商标，博克的叠排式枪起源于苏尔，是由两支枪管中一支横卧在另一支上组成的。默克尔公司用这些枪支彻底改变了体育射击和狩猎。

★ Combination Gun 240

★ Over-And-Under Rifle B3

★ Double Rifle Drilling 961L

★ Single Shot Rifle K3

★ Single Shot Rifle K4

★ Bolt Action KR1 Premium

★ Over And Under Shotgun 2000C

★ Safari Side-By-Side Rifle 160AE

★ Side-By-Side Shotgun 40E

★ Side-By-Side Shotgun 60E

莫斯伯格公司

多年来，莫斯伯格公司继续开发创造新产品和技术——蒙特卡罗型的枪杆、模塑的扳机外壳，还有弹簧承载的快速释放转环。

莫斯伯格公司至今仍然是家族控股，生产流行和行业标准的枪支，用于家庭安全、个人防卫、军事和执法。

★ FLEX500 AllPurp Black Matte

★ MMR Hunter 5.56 Black

★ 715T Red Dot

★ ATR™ Bantam™

★ MVP_PRED_20in

★ Mossberg 464™

★ 835 Ulti-Mag Waterfowl

★ Mossberg International™ Silver Reserve II Field O/U

★ 535 ATS – Recoil Reduction System

★ Mossberg International™ Silver Reserve II Sporting O/U

91

帕拉军工厂

帕拉军工厂是高弹匣容量M1911型手枪的发源地，它为执法、军事和民用市场提供了大量的产品，该公司创造了一款真正的双排1911手枪。

帕拉手枪应用广泛，包括比赛、执法，以及一般障碍射击等。在2009年，帕拉军工厂宣布生产战术目标步枪，它的特点是在枪管上有一个延迟的气体反冲式系统，与传统的气体系统相比，它减少了后坐力。战术目标步枪还将反冲弹簧重新安装在枪管之上护手盘之下，使手枪拥有一个真正的可折叠枪杆。

帕拉军工厂也是第一款双动1911型手枪的制造商。

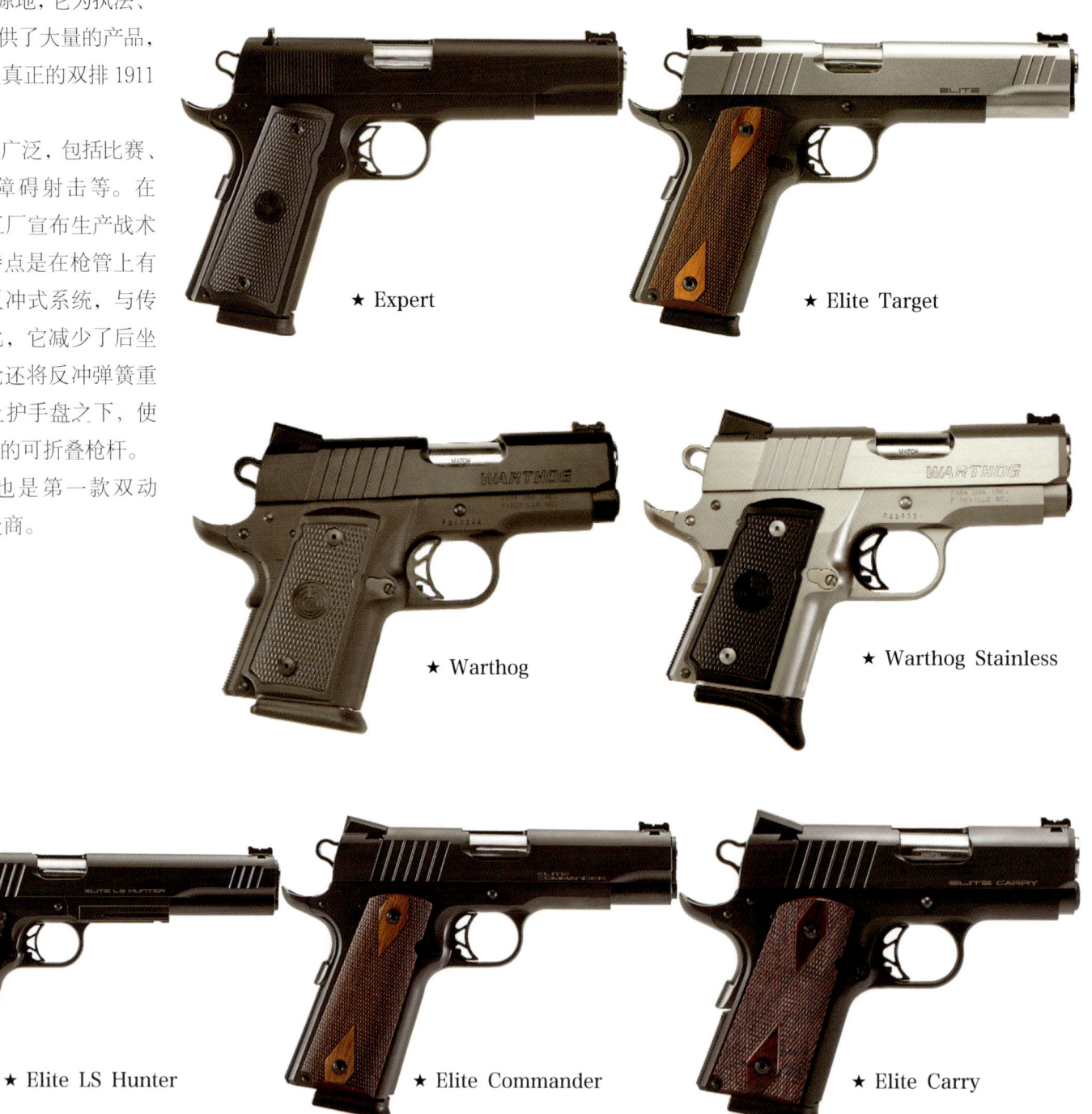

★ Expert

★ Elite Target

★ Warthog

★ Warthog Stainless

★ Elite LS Hunter

★ Elite Commander

★ Elite Carry

★ Expert Carry ★ Black Ops 1911 ★ Black Ops 14.45

★ Black Ops Recon ★ Executive Carry ★ Tomasie Custom

★ Expert Commander ★ LDA Carry ★ LDA Officer

大卫·皮德索利公司

大卫·皮德索利公司成立于1957年,最初制造猎枪。到1960年,这种枪支成为该公司的主要产品。事实上,到1973年,该公司不再生产传统猎枪,整个公司的注意力都集中在制造历史性的前装枪及其配件上,包括火药携带瓶的制造。

在1982年,为了进一步确保生产质量,公司开始为其前装枪制造所有的木质和金属部件。因此,前装枪和后装枪可以完全由内部生产完成。随着配件需求的增长,又成立了一家新的联营公司——通用特种配件公司,专门生产和销售配件。

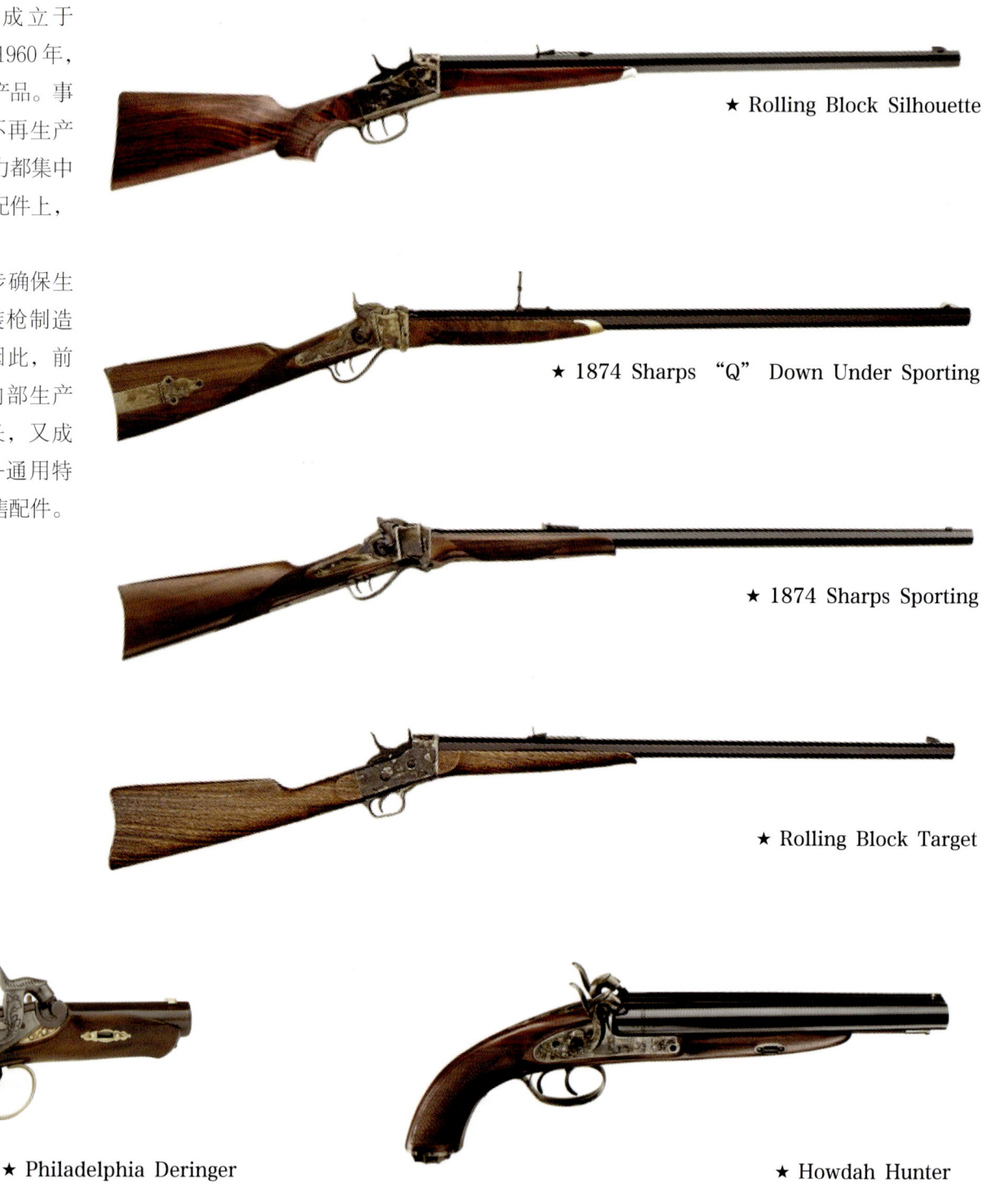

★ Rolling Block Silhouette

★ 1874 Sharps "Q" Down Under Sporting

★ 1874 Sharps Sporting

★ Rolling Block Target

★ Philadelphia Deringer

★ Howdah Hunter

The Legend
UNITED STATES FIRE ARMS
HARTFORD, CONNECTICUT, USA
U. S. FIRE ARMS MFG. CO.
HARTFORD, CONN., U.S.A.

雷明顿公司

雷明顿公司设计并实现了第一个无锤式固定后膛循环猎枪和无锤式自动装载枪，该公司还成功地生产了第一支高功率滑杆退壳供弹的循环步枪和后膛锁定自动装载步枪。随着业务的持续增加，在 1865 年，雷明顿公司进行合并与引股。马库斯·哈特利与合伙人——一家大型体育用品公司，于 1888 年收购了雷明顿的武器公司，并在康涅狄格州的布里奇波特开设了第二家工厂。1912 年，雷明顿与哈特利公司的联合金属弹匣公司合并，形成雷明顿联合金属弹匣公司。

★ Model 1911 R1™ Stainless

★ Model 1911 R1™ Enhanced Threaded Barrel

★ 1odel 1911 R1™ Centennial Limited Edition

★ Model 1911 R1™ Carry

★ Model 700™ BDL™ 50th Anniversary Edition

★ Model 700™ CDL™ 375 H&H 100th Anniversary Edition

★ Model 700™ Mountain SS

★ Model 700™ SPS™ Tactical

★ Model 700™ XCR™ II Camo

★ 700 SPS Tactical Blackhawk AXIOM II

★ VERSA MAX® Tactical

★ Model R-25™ Rifle

★ M24 A2 Sniper

★ MSR

★ R4

★ Model 700 USR

★ XM2010

★ R11

罗西公司

阿马德奥·罗西于1889年在巴西圣保罗建立了罗西公司，创始人的目标是在不放弃准确性和质量的前提下生产出一款价格适中的产品。

1997年，为了更好地控制销售量，罗西建立了国际公司，作为罗西产品在北美的独家进口商。

罗西公司以生产左轮手枪、单发步枪、前膛枪和杠杆式步枪而闻名。

★ R97206

★ R35202

★ R35102

★ R46102

★ R46202

★ R85104

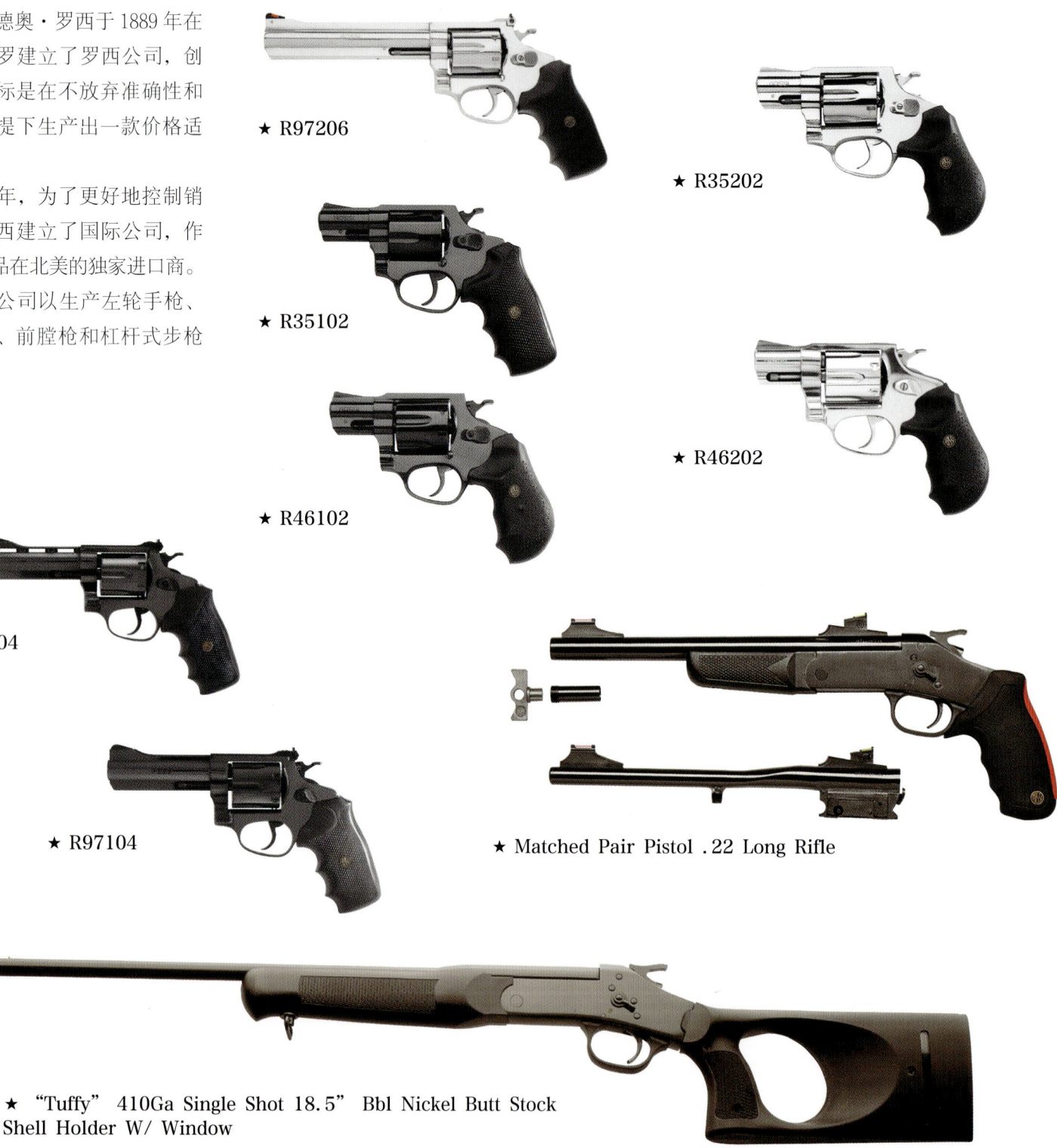

★ R97104

★ Matched Pair Pistol .22 Long Rifle

★ "Tuffy" 410Ga Single Shot 18.5" Bbl Nickel Butt Stock Shell Holder W/ Window

★ .308 WIN W

★ 45-70 Blue 20"

★ Circuit Judge 45LC/410Ga 18.5' Bl Tactical Black Syn Stk

★ Ranch Hand 12' Bl Case Hardened 45LC Lrg Loop Saddle Ring

★ Youth Size Rimfire Rifle / Shotgun Matched Pair

★ Full Size Field Grade Shotgun

鲁格公司

鲁格公司是美国最大的枪支制造商。公司的口号是"对公民负责的武器制造商"。

鲁格因其流行的鲁格10/22成为0.22口径边缘发火步枪的重要制造商，优异的销售额可以归功于它相对较低的成本和良好的质量，以及大量的配件和可用部件。鲁格.22口径边缘发火的半自动手枪在市场上也占有很大的份额。

★ 22/45 Lite

★ 22/45 Threaded Barrel

★ Target

★ SP101®357 Mag Double-Action Revolver

★ SR40® .40 S&W Centerfire Pistol

★ SR40c™ .40 S&W Centerfire Pistol

★ LC9® 9mm Luger Centerfire Pistol

★ LCP® 380 Auto Centerfire Pistol

★ LC9® 9mm Luger Centerfire Pistol

★ LC380™ 380 Auto Centerfire Pistol

★ LCR 22 Magnum

★ LCR 22

★ New Model Single-Six® Single-Ten® 22 LR Single-Action Revolver

★ SP101® 22 LR Double-Action Revolver

★ SR22® 22 LR Rimfire Pistol

★ SR22® 22 LR Rimfire Pistol

★ SR45™ 45 Auto Centerfire Pistol

★ SR1911™ 45 Auto Centerfire Pistol

★ SR1911™ 45 Auto Centerfire Pistol. Commander Style

★ Mark III™ Target 22 LR Rimfire Pistol

★ 22 LR Rimfire Pistol

★ Super Redhawk Alaskan® 480 Ruger Double-Action Revolver

★ P-Series P95™ 9mm Luger Centerfire Pistol

★ GP100® Standard 357 Mag Double-Action Revolver

★ SR9® 9mm Luger Centerfire Pistol

★ Mark III™ Standard 22 LR Rimfire Pistol

★ Ruger Hunter 22 LR

★ Super Redhawk® Standard 44 Rem Mag Double-Action Revolver

103

★ Ruger Guide Gun

★ Ruger M77 Hawkeye African Rifle

★ Ruger M77® Hawkeye® Magnum Hunter

★ Ruger American Rifle

★ Ruger American Rifle Compact

★ New Stainless Ruger® Gunsite Scout Rifle

★ Ruger 10/22 Takedown Autoloading Rifle

★ SR-22

★ SR556VT

萨维奇武器公司

　　亚瑟·萨维奇于 1894 年在纽约的尤蒂卡创立了萨维奇武器公司。后来他还发明了第一支"无锤"的杠杆式步枪，整个机械装置都装在钢容器里。这支引人注目的步枪有一种旋转弹夹，它有一个独特的计数器，可以直观地显示弹匣中剩下的子弹的数量。拥有先进武器技术的模型，随着它的推广，开始为普通人提供廉价的步枪，从而开始了一项经得起时间考验的生意。

　　到了 1919 年，萨维奇武器公司制造了大威力步枪、.22 口径步枪、手枪和弹药。第一次世界大战期间，萨维奇武器公司与德里格斯·西伯里军械公司合并，制造了路易斯机枪。

　　在 20 世纪 60 年代早期到 80 年代末，许多公共和私人组织拥有并销售萨维奇武器。到 1990 年初，该公司再次站稳了脚跟。萨维奇在 20 世纪 90 年代持续地开发新产品，改进材料，并增加了只有价格更高的步枪才有的功能。

★ Stevens 512 Gold Wing

★ Stevens 320 Pump

★ 14/114 American Classic

★ 64F

★ 93BTVS

★ Rascal

西格·绍尔公司

西格·绍尔公司成立于1853年，位于瑞士的罗纳河谷，当时，海因里希·莫泽和康拉德·奈内尔在这个小镇开了一家马车工厂。他们建造了当时最现代化的工厂之一，专门用来制造马车和列车车厢。仅仅7年之后，他们参加了为瑞士军队研制现代步枪的竞争。他们从军队获得了一份3万支前装式步枪的订单，并立即将公司名称改为"瑞士工业公司"。直到第二次世界大战开始，绍尔主要制造霰弹枪和猎枪。

★ 1911-22LR Camo

★ M11-A1

★ P224 Nickel

★ P224 Equinox

★ P226 Elite SAO

★ P226 Engraved Stainless

★ P238 Tribal ★ P238 ESP-Nitron ★ P290RS Rainbow

★ P938 AG ★ P224 SAS ★ P224 Extreme

★ P226 Tribal ★ P227 SAS ★ SP2022 Nitron TB

★ SIG MPX

★ SIG 516

★ SIG 516 with Scope

★ SIG 522LR

★ SIG 522LW

★ SIG 716

★ SIG M400

★ SSG 300

史密斯-韦森公司

1852年，两名新英格兰人霍勒斯·史密斯和丹·韦森联手创立了史密斯–韦森公司。史密斯在马萨诸塞州斯普林菲尔德的国家军械库工作时学会了制造枪支，韦森从给他兄长做学徒的生涯中获得了经验。他们在康涅狄格州的诺维奇开设了一家工厂，设计和生产杠杆连发手枪。1854年，他们把公司卖给了一个衬衫制造商——奥利弗·温彻斯特。奥利弗·温彻斯特在1866年继续使用他们的设计作为他的温彻斯特重连发武器公司的基础。

1856年，两人再次尝试，合作制造了一种左轮手枪。

★ 22A-1

★ 41

★ Bodyguard 380

★ Governor

★ M&P9 PRO

★ M&P9 Shield

★ M&P9c CT ★ M&P9c Safety ★ M&P22

★ M&P40 Pro ★ M&P40 Shield ★ M&P45 FDE Safety

★ M43c ★ M63 ★ M351c

★ M625 　　　★ M632 　　　★ SD9VE

★ SD40VE 　　　★ SW1911SC E-Series 　　　★ SW1911TA E-Series

★ M945 　　　★ M952 　　　★ M908

★ M&P10

★ M&P15 300 Whisper

★ M&P15 PC

★ M&P15 VTAC R2

★ SW Elite Gold

115

斯普林菲尔德军械公司

1794 年，在马萨诸塞州的斯普林菲尔德，斯普林菲尔德军械公司成立于乔治·华盛顿领导的独立战争时期。它成为美国第一个国家军械公司，用于制造、测试、储存、修理军用小型武器，包括手枪和步枪。尽管它是枪支和枪支制造方法的先驱，但在为美国政府服务了 174 年之后，斯普林菲尔德军械公司于 1968 年关闭。

★ 1911 Loaded

★ 1911Range Officer

★ 1911 TRP

★ 1911 EMP

★ 1911 Trophy Match

★ 1911 Mil-Spec

★ XD45 ACP

★ XD Service Model 3"

★ XD Sub Compact

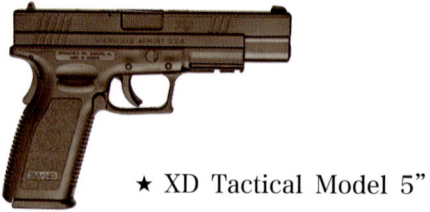

★ XD Tactical Model 5"

★ XDM40

★ National Match M1A

★ SOCOM 16

★ Supermatch M1A

★ M21 Tactical

斯太尔-曼利夏公司

第一次世界大战爆发时，公司雇用了 15 000 多名工人，每天生产 4 000 多支枪。在战争结束的时候，在斯太尔镇生产武器几乎是被禁止的，公司面临着金融灾难。为了渡过难关，公司通过改装设备来生产汽车。直到第二次世界大战爆发，公司才开始重新生产武器。

曼诺利·雪诺全速步枪再次成为热门归因于奥地利军队的重新建立。在 20 世纪 70 年代，斯太尔开始设计一种新的军事武器，包括一种新型突击步枪——STG 77。它是由合成材料制造的，并且有一个完整的固定光学系统。

今天，斯太尔生产的几类枪支分别用于狩猎、军队和运动竞技。

★ Pro Alaskan

★ Pro Hunter SS

★ Scout

★ AUG USA

★ SSG 04

★ C-A1

★ M-A1

★ S-A1

★ Pro African

★ Luxus

★ Classic Light

★ Classic Mountain Sights

★ Big Bore Camo

施特格尔公司

以生产性能优良手枪著称的施特格尔公司成立于1923年。那时，一个奥地利人亚历山大·施特格尔移民美国，在纽约开了一家商店。他标榜自己是毛瑟和鲁格手枪弹药在美国和加拿大的独家进口商。到1924年，施特格尔公司已经能够发布市场营销目录。20世纪90年代，芬兰的军火制造商萨科买下了施特格尔公司。在不到10年的时间里，萨科被伯莱塔控股。伯莱塔把施特格尔公司放在他们的子公司伯奈利美国之下。

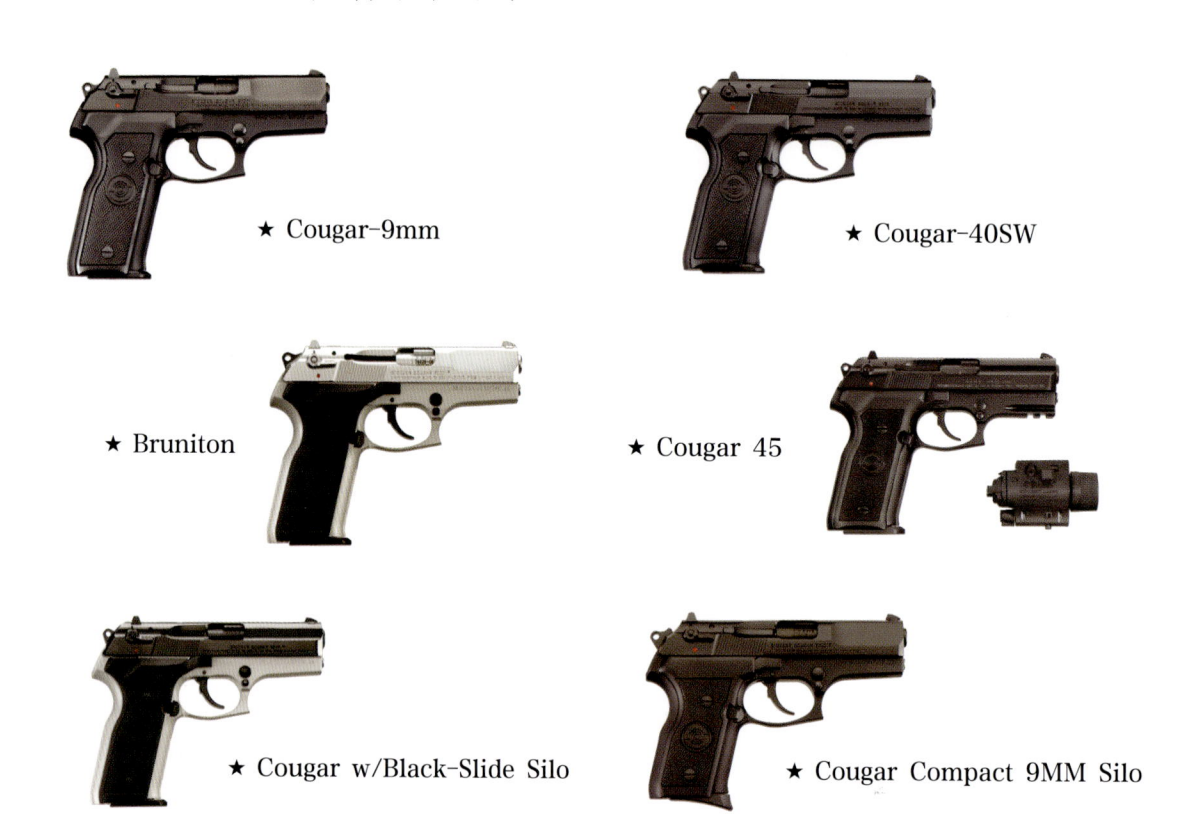

★ Cougar-9mm

★ Cougar-40SW

★ Bruniton

★ Cougar 45

★ Cougar w/Black-Slide Silo

★ Cougar Compact 9MM Silo

★ Coach Gun Supreme

★ Coach-Silverado

★ M2000

★ Uplander-Longfowler

★ Condor Longfowler

★ M3000

★ Ranch Hand 12' Bl Case Hardened 45LC Lrg Loop Saddle Ring

★ Uplander-Special

★ P350 APG Turkey Cantilever

金牛座公司

金牛座公司是1939年在巴西阿雷格里港创办的一家小型工具制造厂。

1968年，为了扩大枪支生产和市场，金牛座公司成为一家上市公司，美国企业集团邦戈蓬于1970年购买其54%的股份。邦戈蓬还拥有另一家知名的枪械制造公司史密斯＆韦森。在接下来的7年里，作为姐妹公司，金牛座公司和史密斯＆韦森公司开始共享技术和方法，从而大大提高了生产能力。然而1977年，金牛座公司从邦戈蓬获得了54%的股份，因而重新获得了独立。

独立的金牛座公司抓住了在巴西市场扩张的机会。1980年，金牛座公司从意大利本土枪械制造商伯莱塔那里购买了一家圣保罗枪支制造厂。1974年，伯莱塔开始为巴西军队生产武器，并在圣保罗建造了枪支工厂。在购买了伯莱塔工厂后，金牛座公司得到了曾经属于伯莱塔的所有东西，包括图纸、工具、机械和非常有经验的技术工人。

★ 738FS

★ 1911FS

★ PT24/7 G2 45acp Comp

★ 809C

★ 840

★ 1911

★ 92B

★ Millennium G2

★ PT22

★ PT25

★ 709 "SLIM"

★ 738 TCP

★ 44ssb ★ 44LF ★ Raging Bull ★ MODEL 444 ULTRALITE

★ 992 ★ 605. 357 Magnum ★ .38 Special ★ 905

★ 454 Casull Raging Bull ★ Raging Judge Magnum ★ 608 ★ Tracker

★ .44 Magnum Tracker ★ 66 ★ 82 Security ★ 990

123

传统枪械公司

传统枪械公司成立于1984年，是一家生产前装填枪支、侧面击发枪和燧发枪的公司。自1984年以来，传统枪械公司已经成为前装枪行业的领导者之一，提供易于装弹、射击和清洁的产品。作为猎人和射击者，传统枪械公司的团队一直致力于开发产品，以最大限度地提高准确性，提高射击速度，并保障长距离射击准确度的性能。传统枪械公司引领了前装枪行业的创新，并致力于发展前装枪行业。

★ 1858 Bison Revolver .44 cal

★ 1851 Navy Revolver .36 Cal Brass

★ Vortek™ Pistol .50 cal Select Hardwood/CeraKote w/ 1-4x24 Scope

★ Kentucky Pistol .50 cal Percussion Select Hardwood/Blued

★ Trapper Pistol .50 caliber Percussion

★ 1873 Single Action Revolver .45LC 4.75" Barrel Color-Case Hardened

★ 1873 Single Action Revolver .357 MAG 7.5" Barrel Matte/Walnut

★ 1873 Single Action Revolver .357 MAG 5.5" Barrel Nickel/White PVC

★ PA Pellet™ Accelerator

★ Buckstalker™ .50 cal Black/Blued w/3-9x32 Scope

★ Pennsylvania Rifle .50 cal Flintlock

★ Tracker Northwest Magnum .50 cal Black/Blued

三星运动武器公司

三星运动武器公司是狩猎和射击行业优质枪械的主要进口商。所有的产品都有 5 年的保修期。该公司的许多产品都功能丰富,可以帮助消费者节省时间和金钱。三星运动武器公司的目标是提供价格仅为竞争对手一小部分的有价值的产品。该公司的管理团队有超过 40 年的经验,并为世界各地的消费者带来最优惠的价格。管理团队也与工厂密切合作,以确保其产品的卓越性能。

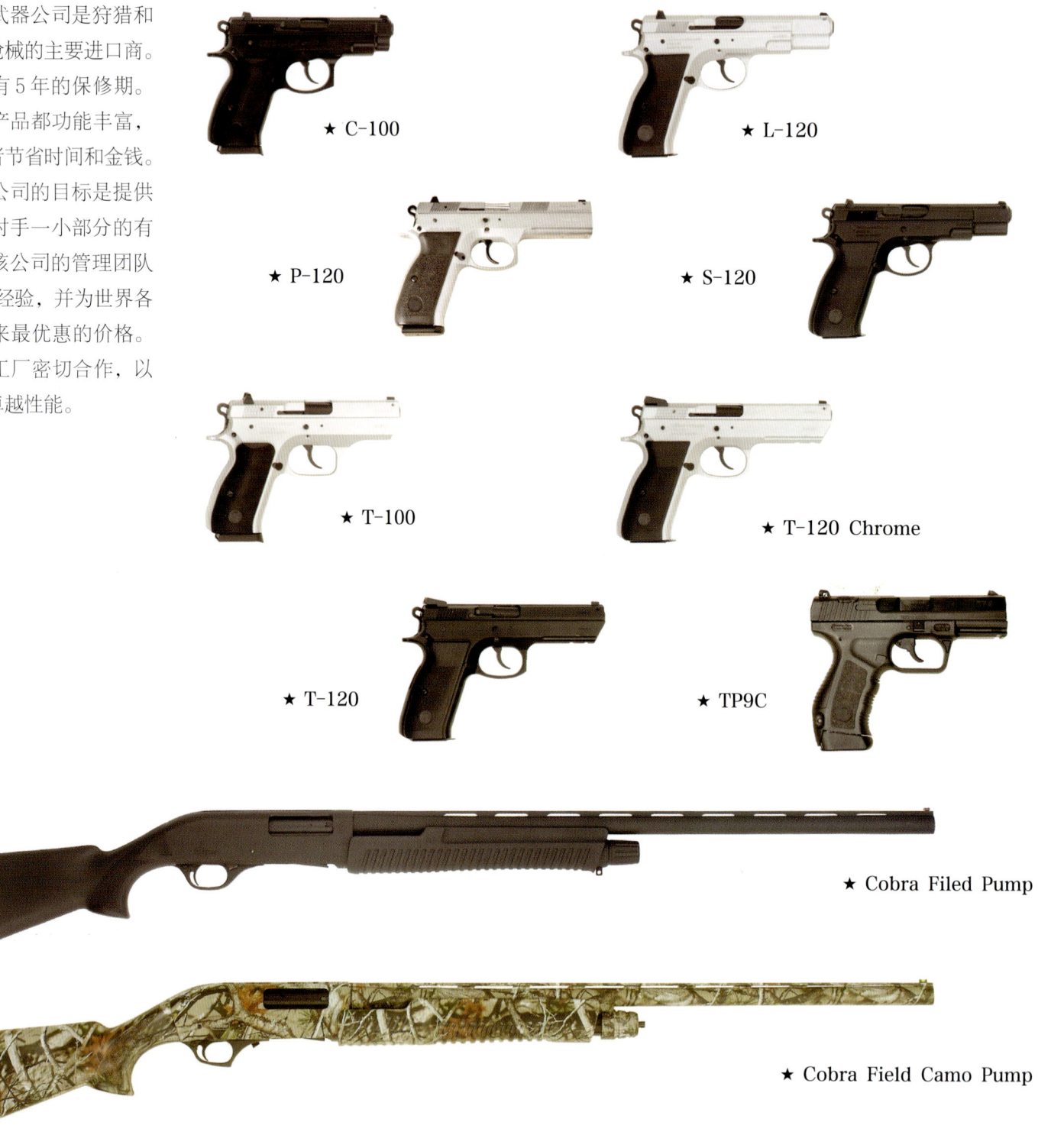

★ C-100

★ L-120

★ P-120

★ S-120

★ T-100

★ T-120 Chrome

★ T-120

★ TP9C

★ Cobra Filed Pump

★ Cobra Field Camo Pump

★ Hunter EX 12ga

★ Setter ST 20ga

★ Sporting 12ga

★ TEC 12

★ Viper G2 Silver 28ga

★ Viper G2 wood

乌贝蒂公司

阿尔多·乌贝蒂于 1959 年在意大利阿尔卑斯山麓的加尔德纳特伦比亚山谷成立了乌贝蒂公司。该公司是著名的伯莱塔武器公司的子公司，在伯莱塔工业园区内。

为了创造高质量的复制品，乌贝蒂在 1959 年完成了它的第一个项目。

乌贝蒂公司目前是世界上最大的美国武器生产商，每年生产大约 3 万支手枪和 1 万支步枪。他们雇用了大约 60 名熟练工匠来装配精密铸造和切割零件。随着快速增长的内战，乌贝蒂复制枪支已经成为枪支制造行业的主要竞争者。

★ 1851 Navy

★ 1858 New Army

★ 1860 Army Fluted Cylinder

★ 1861 Navy

★ 1862 Pocket Navy

★ 1862 Police

★ 1873 Cattleman 22LR 12-Shot

★ 1875 Army Outlaw

★ 1875 Frontier

★ 1890 Police

★ BirdsHead

★ Bisley-Cattleman

128

★ Buntline

★ Callahan Cattleman NM 6 Target 44mag

★ Cattleman Blue

★ Dragoon

★ Dragoon Whitneyville

★ Pocket Revolver 1849

★ Pocket Revolver 1849 Fargo

★ SA 1873 Cattleman

★ SA Cattleman Cody

★ SA Cattleman Frisco

★ SA-Cattleman-Hombre

★ SA-Cattleman-Nickel

★ Topbreak 1st Model

★ Topbreak Russian

★ Uberti-ElPatronCMS

★ Walker

★ 1873 Half Octagonal Barrel

★ 1874 Deluxe Sharps

★ 1876 Centennial Rifle

★ 1883 Lever Action Carbine

★ 1883 Lever Action Rifle

★ Henry Rifle

★ High Wall Carbine

★ Lightning Carbine

★ Springfield Trapdoor Carbine

★ Silverboy .22 LR Lever Action

美国枪械制造公司

美国枪械制造公司是唯一仍在康涅狄格州哈特福德市生产的枪支制造商。美国枪械制造公司后期在美国主要生产单动左轮手枪，甚至工厂的选址都与公司的产品线有关，它曾经是柯尔特军械库的家，柯尔特制造公司在19世纪末和20世纪初在这里制造了经典的枪支。这些设计可能是传统的和历史的，但生产技术使用了现代计算机数字控制的机器技术。他们所有的枪支都是在美国生产的。美国枪械制造公司的声誉源于其柯尔特单动军用左轮手枪的生产。

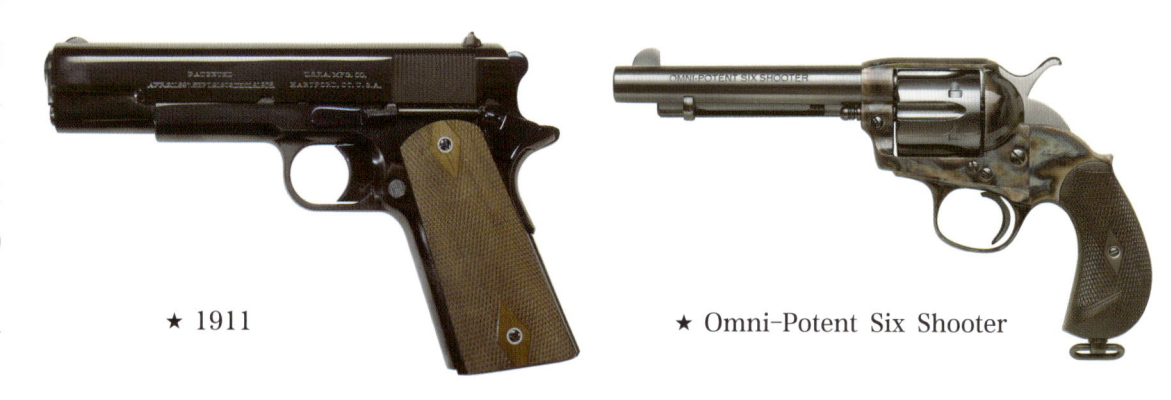

★ 1911

★ Omni-Potent Six Shooter

★ Flattop

★ Plinker

★ Rodeo

★ Sheriff

★ Zipgun

132

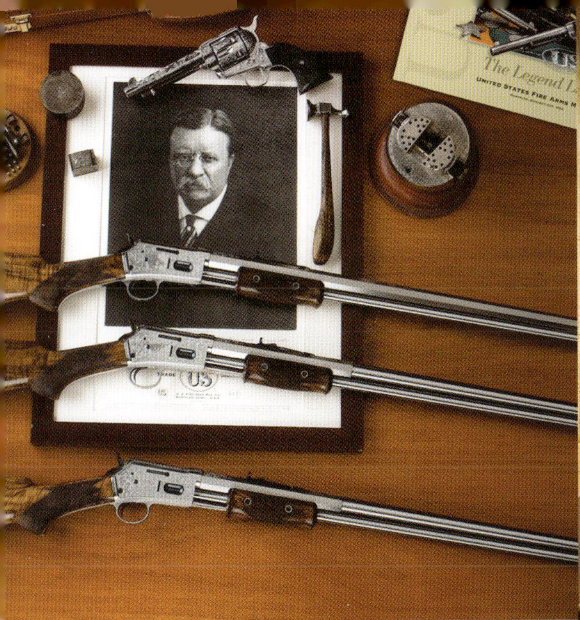

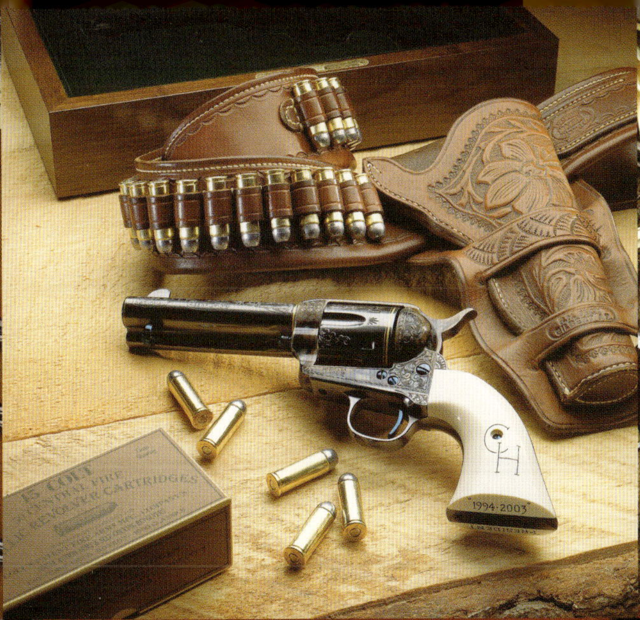
1994-2003

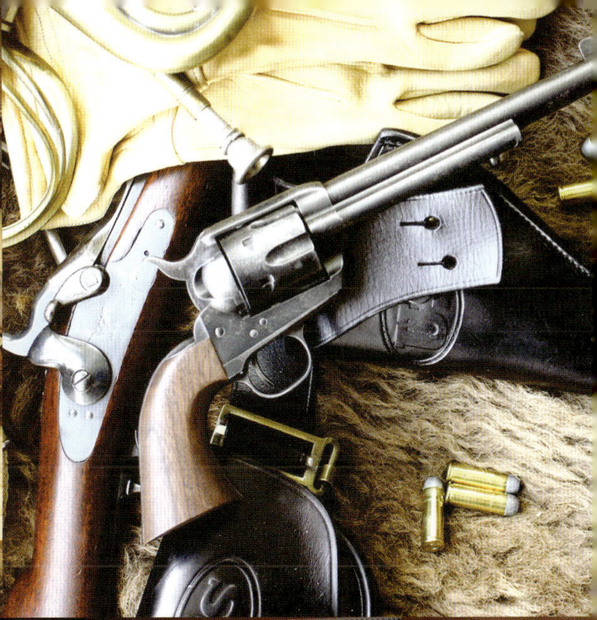

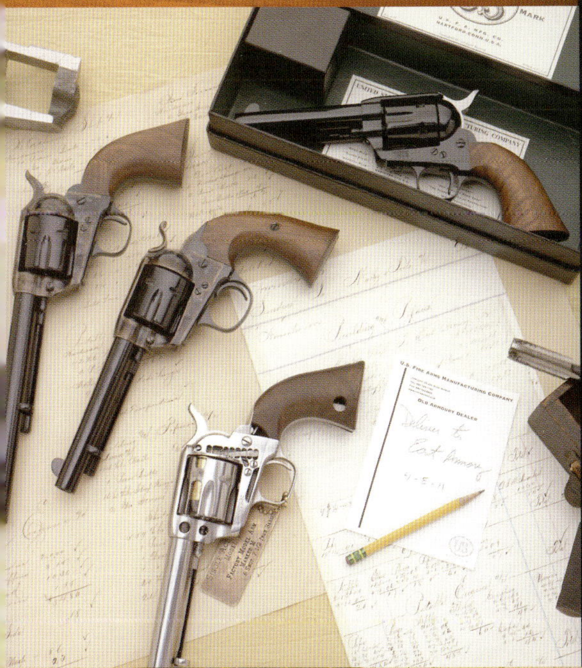

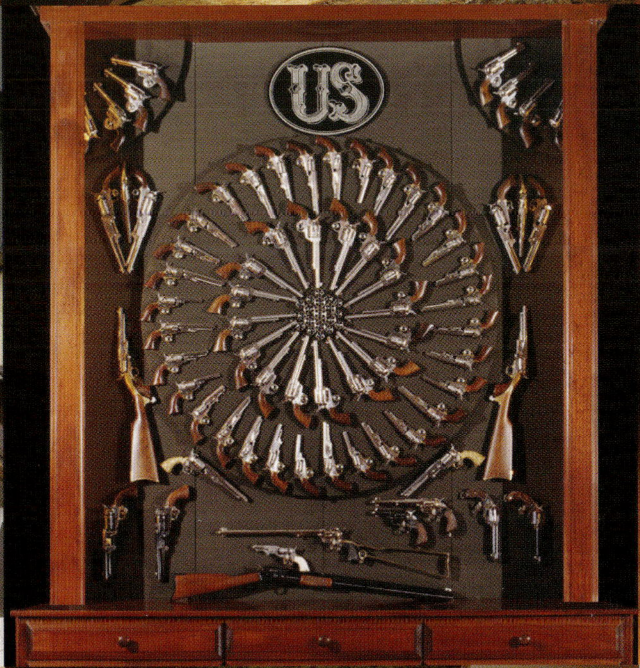
US

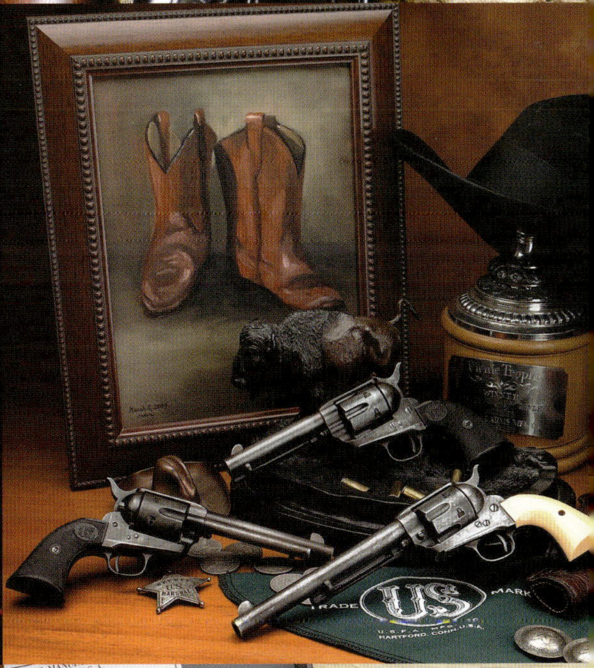

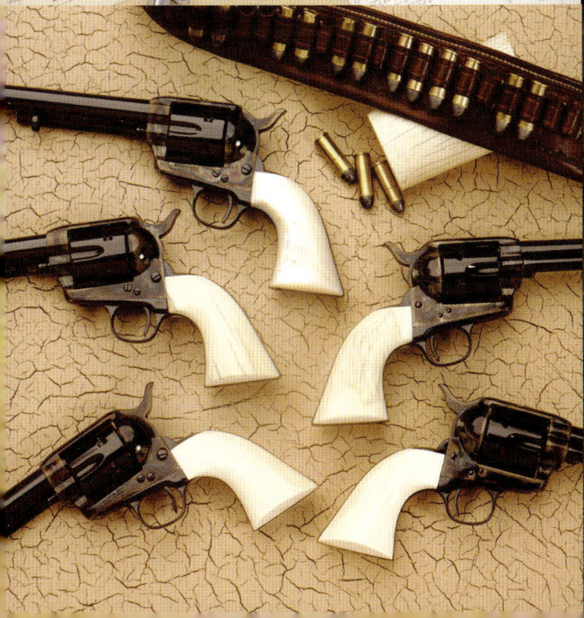

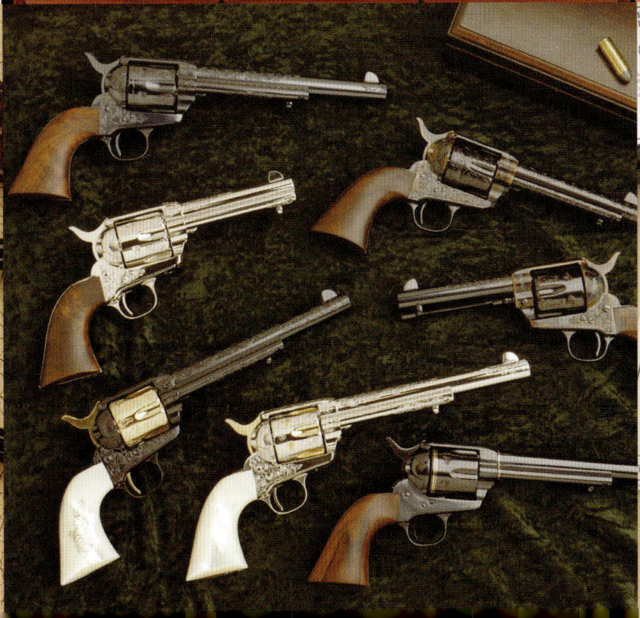

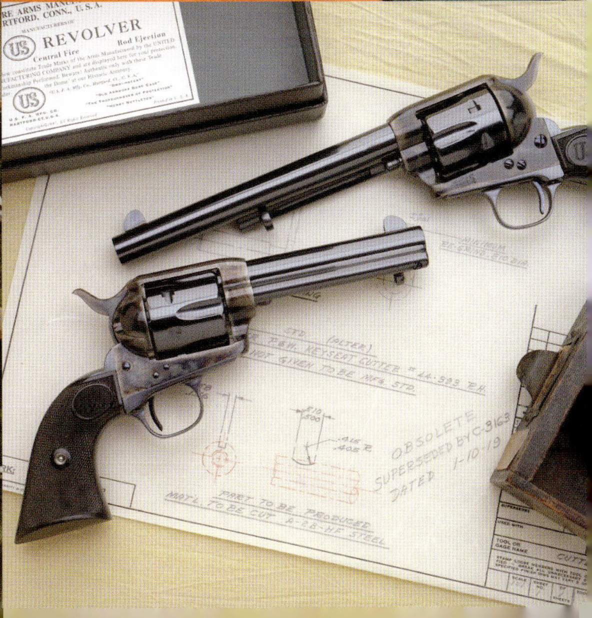
REVOLVER
Central Fire
Red Ejection

弗尼-卡伦公司

　　弗尼-卡伦公司是家族中的第五代枪械制造商，家族的军火生意可以追溯到1650年他的曾曾祖父盖伊·弗尼时期。

　　弗尼-卡伦公司是圣艾蒂安最大的企业之一。在它建立近200年之后，弗尼-卡伦公司的总部和工厂在梯也尔大道和弗尼-卡伦街的交叉口处已经占据了近2000平方米的面积。弗尼-卡伦公司生产出了非凡运动枪系列。

★ Impact NT

★ Impact Plus

★ Sagittarius Carbine

★ Super 9 Supercharge

★ Sagittarius X520

★ Sagittarius eXS

★ Azur XA

★ SX Passion

★ Juxtapose VERCA

★ Super 9 Prestige Or

沃尔特工厂

1886年，卡尔·沃尔特在德国以制造枪支闻名的泽拉·梅利斯市建立了他的第一个生产工厂。1908年，沃尔特设想制造一款自动装弹的手枪，最终他成功地销售了德国第一款自动装弹的手枪沃尔特1号，口径6.35毫米。在第一次世界大战中，几乎每一个德国士兵都配发了一支沃尔特袖珍枪。

卡尔·沃尔特于1915年去世，他的儿子弗里茨成功地继承了他的事业，并且持续地优化自动装弹技术。

在第二次世界大战期间，沃尔特的工厂被摧毁，但弗里茨抢救出了一些设计方案。到1953年，他已经在德国多瑙河沿岸的乌尔姆市建造了一座新工厂。

★ P22

★ P 22 Military

★ P99 AS

★ P99C AS

★ PK380

★ PPK

★ PPKS

★ PPQ M2

★ PPX

★ PPS

★ PPX Nickel

★ PPKS bicolor

★ UZI Pistol

★ UZI Rifle ls C

韦瑟比公司

1945 年，罗伊·韦瑟比成立了他的武器公司，目的是制造枪支。他的理念是：快速移动的轻型子弹最适合单发射击。在接下来的 10 年里，他一直在完善高性能大容量的子弹。公司现在仍然以这些子弹而闻名。他还设计并制造了专门使用新型子弹的步枪。

★ Mk5 Accumark RC

★ PA 08 Synthetic

★ Mk5 TRR RC

★ Mk5 Deluxe

★ Vanguard S2 RC

★ Vanguard S2 Deluxe

★ Vanguard S2 Varmint Special

★ PA-08 Upland Slug

★ PA-08 Upland Youth 20ga

★ SA-459 Turkey

温彻斯特公司

1855年，霍勒斯·史密斯和丹·韦森在康涅狄格州诺里奇成立了火山连珠兵器公司。一年后更名为纽黑文军火公司，并迁往纽黑文市。这家新公司因亨利步枪而闻名。

1862年，第一批亨利步枪，在内战期间被联邦军队大量出售和使用。1866年，温彻斯特买下了这家公司，并将其更名为温彻斯特连发武器公司。

1911年，温彻斯特公司生产了它的第一支半自动猎枪，随后的第二年生产了一种霰弹枪。

★ Model 70 Alaskan

★ Model 70 Coyote Light

★ Model 70 Extreme Weather SS

★ Model 70 Featherweight

★ Model 70 Super Grade

140

★ Model 73 Sporter Case Hardened

★ Model 94 Carbine

★ Model 1873 Short Rifle

★ Model-71-Deluxe

★ Super-X-Pump-Black-Shadow

★ SX3-Waterfowl-Realtree-Max-4

★ Super-X-Pump-Field

★ Super-X3-Waterfowl-Hunter

★ Model 101 Pigeon Trap

★ SXP-Waterfowl-Realtree-Max-4

★ Model 101 Pigeon Grade Trap (Adjustable Comb)